JENS
MAUTE



# WASSER IM GARTEN

Gestalten Sie Ihren Garten so, dass er mit viel und wenig Wasser auskommt – mit Sickermulden, wechselfeuchten Beeten und bepflanzten Rinnen

# CLEVER MANAGEN

KOSMOS

# Inhalt

# VORWORT

## WAS MICH UNGLÜCKLICH MACHTE …

Seit Beginn meiner Ausbildung zum Landschaftsgärtner im Jahr 1990 bin ich – nun seit 36 Jahren – beruflich im Garten zu Hause. Damals gab es noch einen klaren, festgelegten gärtnerischen Jahreszeitenfahrplan. Ab dem Sommer 2018 beschlich mich jedoch ein ungutes Gefühl. Viele Kunden klagten: **„Hilfe, mein Rasen ist vertrocknet!"** Damals fragte ich mich: „Ist das nun der Beginn des Klimawandels?" Seit 2020 sind in einigen Mittelgebirgsregionen Deutschlands großflächig Wälder abgestorben – heute wirken die Landschaften teils fast waldfrei.

Die Jahre 2023 und 2024 waren zwar wieder feuchter, brachten aber auch Extremwetter mit Starkregen und Sturzfluten mit sich. Das Jahr 2025 zeigte sich in Deutschland mit einer markanten Trockenphase von Februar bis Juni sowie einem ungewöhnlich nassen Juli als überdurchschnittlich warm. Damit setzte sich der Trend der Klimaerwärmung fort, und die Tendenz zu längeren Trockenphasen bei gleichzeitigen Niederschlagsextremen wurde unterstrichen.

Ich wusste, wie wichtig es ist, Wasser im Garten zu speichern. Umso frustrierender war es, meinen Kunden sagen zu müssen: „Gerne würden wir Ihnen helfen – aber Sie bräuchten etwa 5.000 bis 20.000 Euro für eine große Zisterne."

Hinzu kam noch die Erkenntnis, dass wir unseren Umgang mit Regenwasser komplett neu denken müssen, um es möglichst lange in der Stadt und auch im Garten zu halten. Das sollte schnell gehen. Außerdem sollte es günstig sein.

## WAS MICH JETZT GLÜCKLICH MACHT …

In unseren Gärten steckt ein riesiges Potenzial zur Regenwasserspeicherung – und das für sehr wenig Geld. Wir können enorm viel Wasser im Erdboden speichern, der der größte und günstigste Speicher ist. Unser Ziel ist es, dass der Boden Regenwasser aufnimmt – wie ein Schwamm, der sich mit Wasser vollsaugt. Schon ein Kubikmeter humusreicher Gartenboden kann mehrere Hundert Liter Wasser speichern.

Ich freue mich, dass wir so viel tun können, um dem Klimawandel zu begegnen – und dass es dafür kostengünstige Lösungen gibt. Und dazu kommt, dass der Bau dieser Wasserhalteeinrichtungen nicht nur die Wassersituation auf unserem eigenen Grundstück verbessert, gleichzeitig helfen wir auch dabei, Überflutungen und die Zerstörung städtischer Infrastruktur zu reduzieren bzw. zu verhindern. Auch die Produktion von Verdunstungskälte wirkt sich für unsere Nachbarn und die Umgebung positiv aus.

Wenn wir nichts unternehmen, könnten viele Gegenden in Deutschland in Zukunft deutlich trockener und pflanzenärmer werden. Bäume werden absterben, weil es ihnen zu trocken wird. Damit fehlen sie im Wasserkreislauf, was zur Folge hat, dass es noch weniger regnet und weitere Bäume vertrocknen. Doch Sie können einiges tun, damit Ihr Garten mit der Trockenheit zurechtkommt. In diesem Buch finden Sie alles, was Sie benötigen, um sofort loszulegen und **mit vielen kleinen Veränderungen Großes zu bewirken.**

Handeln Sie jetzt und nutzen Sie die vielfältigen, einfachen Möglichkeiten, die den Unterschied machen können.

*Jens Maute*

DER
WASSERHAUSHALT
— global & lokal

# WIE VERÄNDERT SICH DIE NATUR?

**Der Klimawandel wirkt sich spürbar auf die Natur und somit auch auf unsere Gärten aus. Steigende Temperaturen führen zu längeren Vegetationsperioden und früheren Blütezeiten.**

In der Folge wandern etliche Pflanzen- und Tierarten in kühlere Regionen oder höhere Lagen ab. Gleichzeitig geraten viele heimische Arten unter Druck und verschwinden aus ihren bisherigen Lebensräumen. Auch die Niederschlagsmuster verändern sich: Es kommt sowohl zu Starkregen als auch zu lang anhaltender Trockenheit. Beide Extreme belasten Landschaften, Böden und Ökosysteme.

*Die Wahrscheinlichkeit von Starkregenereignissen und Überschwemmungen nimmt zu.*

## BESONDERS BETROFFEN: DER WASSERHAUSHALT

Hitze führt zu einer schnelleren Austrocknung der Böden, während die Verdunstung steigt. Wenn Regen fällt, kann der ausgetrocknete Boden das Wasser schlecht aufnehmen. Das Wasser fließt oberflächlich ab, was Erosion und Nährstoffauswaschung zur Folge hat. Die Bodenfruchtbarkeit leidet und die Artenvielfalt nimmt ab.

### STABILE WETTERLAGEN

Hochs und Tiefs verharren über Wochen und bringen zu viel oder zu wenig Regen. Beide Extreme sind problematisch, aber zunehmende Trockenheit gilt als das größere Risiko. Wälder, Felder und Gärten leiden unter Wassermangel, Ernten fallen aus und Bäume sterben ab. Auch milde Winter verändern das Ökosystem: Schädlinge überwintern in größerer Zahl und neue invasive Arten können sich ausbreiten.

## KLIMAMODELLE

Das Klima vieler Regionen in Deutschland könnte in wenigen Jahrzehnten dem der heutigen Mittelmeerländer gleichen. So wird erwartet, dass zum Beispiel Frankfurt bis 2070 Bedingungen ähnlich wie in Südkroatien erleben könnte.
Neben den steigenden Temperaturen entstehen durch Wetterextreme hohe wirtschaftliche Schäden. Noch schwerer wiegt jedoch der langfristige

*Trockenphasen und Hitze sind eine ungünstige Kombination, der viele Pflanzen nicht gewachsen sind.*

Wassermangel. Ohne ausreichende Feuchtigkeit geraten Pflanzen, Tiere und letztlich ganze Ökosysteme aus dem Gleichgewicht.

## UNSERE HANDLUNGSSPIELRÄUME

Wenn wir jetzt aktiv werden, können wir viele Folgen noch abmildern. Untätigkeit führt jedoch in eine Abwärtsspirale: Bäume werden sterben, die Verdunstung und der Regen werden weiter abnehmen und noch mehr Bäume werden verloren gehen. Dieser Kreislauf lässt sich allerdings durchbrechen. Wer frühzeitig auf die neue Situation reagiert, kann sich besser anpassen und natürliche Ressourcen langfristig erhalten.
Dieses Buch zeigt, wie Gärten auf diese Veränderungen vorbereitet werden können. Viele der vorgestellten Methoden wirken doppelt: Sie helfen bei zu viel Wasser ebenso wie bei zu wenig. Die Regenwasserversickerung auf dem eigenen Grundstück schont beispielsweise die Kanalisation, beugt Überschwemmungen vor und speichert gleichzeitig wertvolles Wasser im Boden. So steht es den Pflanzen auch in Trockenzeiten zur Verfügung. Wer jetzt handelt, kann seinen Garten widerstandsfähiger machen – bevor klimabedingte Schäden unumkehrbar werden.

*Flüsse sind Lebensadern – sie spielen eine bedeutende Rolle im Wasserhaushalt.*

# WASSER, DAS ZENTRALE ELEMENT

**Wie hängt alles zusammen? Der natürliche Wasserhaushalt beschreibt, wie Wasser in der Natur ohne menschlichen Einfluss verteilt, gespeichert und bewegt wird.**

Regenwasser versickert im Boden, füllt die Grundwasserreserven auf, wird von Pflanzen aufgenommen und über deren Blätter wieder verdunstet. Ein Teil davon gelangt über Bäche und Flüsse zurück ins Meer. Dieser Kreislauf besteht aus den Vorgängen der Verdunstung, Wolkenbildung, Niederschlag, Versickerung und Rückfluss. Besonders wichtig sind dabei Böden und Vegetation, da sie Wasser speichern, es langsam abgeben und so den Kreislauf am Laufen halten. Wälder und unversiegelte Flächen spielen daher eine zentrale Rolle im natürlichen Wasserhaushalt.

Außerdem treibt die Sonne den Kreislauf an. Wasser verdunstet von Meeren und Seen. Wolken bilden sich. Regen oder Schnee fällt zurück und füllt Flüsse, Seen und das Grundwasser auf. In den Bergen sammelt sich im Winter Wasser in Form von Schnee und Eis, das im Frühjahr als Schmelzwasser den Flüssen zufließt.

## GESTÖRTER WASSERHAUSHALT

Seit sich der Mensch die Natur untertan gemacht hat, hat er viele Dinge auf den Kopf gestellt und stark verändert. Der Umgang mit Wasser gehört auf jeden Fall auch dazu. In der Stadt und auf dem Dorf fällt das Wasser auf Hausdächer, Garagen, Pflaster- und Asphaltflächen etc. Wir leiten es immer ganz schnell weg. Es ist sofort in der Kanalisation und auf dem Weg in den nächsten Fluss. In den letzten Jahren konnten wir erleben, dass sich Klimaphänomene abwechselten. Zu viel und zu wenig Regen – beides führt zu Problemen: Bei Starkregen gibt es zu viel Regenwasser im Kanal und bei Sommertrockenheit zu wenig Wasser im Boden. Beides ist schlecht für uns. Das war in der Vergangenheit auch schon so, wird aber in Zukunft noch an Bedeutung gewinnen. Wir sind bei Starkregen überfordert und im Sommer gehen unsere Pflanzen ein. Städte, Kommunen und Gartenbesitzer müssen sich anpassen.

## FLYING RIVERS – FLIEGENDE FLÜSSE

Unser Klima und die Wasserversorgung hängen eng mit dem Wasserkreislauf zusammen. Vielleicht haben Sie schon beobachtet, dass Pfützen im Garten nach dem Gießen bald wieder verschwinden. Das liegt daran, dass das Wasser verdunstet, also als unsichtbarer Wasserdampf in die Luft steigt. Man unterscheidet einen großen und einen kleinen Wasserkreislauf.

### GROSSER WASSERKREISLAUF

Im großen Kreislauf verdunstet Wasser über den Ozeanen. Die Sonne erhitzt die Meeresoberfläche, Wasserdampf steigt auf und es bilden sich Wolken. Windströmungen tragen diese – gewissermaßen „fliegende Flüsse" – über weite Strecken bis aufs Land. Dort kühlen sie sich ab und es regnet. Das Wasser gelangt in Böden, Flüsse und schließlich zurück ins Meer. Dann beginnt der Kreislauf von vorn.

## KLEINER WASSERKREISLAUF

Auch über dem Land verdunstet Wasser, beispielsweise aus Seen, Böden und vor allem aus Pflanzen. Bäume und Sträucher im Garten geben kontinuierlich Feuchtigkeit über ihre Blätter an die Luft ab. Dieser kleine Wasserkreislauf ist regional begrenzt: Das Wasser, das Bäume auf diese Weise an die Luft abgeben, bildet vor Ort neue Wolken. Diese regnen sich ab, das Wasser wird vom Boden und den Pflanzen aufgenommen und verdunstet erneut. Ein Regenwald produziert sozusagen seinen eigenen Regen. Wälder wirken dabei wie grüne Wasserpumpen, denn sie geben sehr viel Feuchtigkeit an die Luft ab.

Besonders der Amazonas-Regenwald ist ein riesiger Verdunstungsmotor. Seine rund 400 Milliarden Bäume geben täglich etwa 20 Milliarden Tonnen Wasser an die Luft ab.
Zum Vergleich: Das entspricht fast der Hälfte des Wasservolumens des Bodensees – jeden Tag! Diese unsichtbaren „fliegenden Flüsse" ziehen mit dem Wind weit über den Kontinent und regnen hunderte Kilometer entfernt wieder ab. Intakte Wälder sind also entscheidend dafür, dass es auch in entfernten Regionen regnet. Fehlen jedoch große Waldflächen, bricht dieser Kreislauf zusammen. Die Folge sind Trockenheit und Versteppung.

*Wälder – insbesondere Regenwälder – sind von großer Bedeutung für den globalen Wasserhaushalt.*

# WASSER IST NICHT GLEICH WASSER

**Regenwasser:** Niederschlagswasser, das aus der Atmosphäre fällt, z. B. Regen, Schnee. Es ist meist relativ sauber.

**Oberflächenwasser:** Wasser, das sich auf der Erdoberfläche befindet, z. B. in Flüssen, Seen, Bächen oder Talsperren.

**Grundwasser:** Wasser, das sich im Boden oder Gestein unterhalb des Grundwasserspiegels sammelt. Eine wichtige Trinkwasserquelle.

**Brauchwasser:** Wasser, das nicht als Trinkwasser verwendet wird, z. B. für Toilettenspülung, Gartenbewässerung oder Reinigungszwecke.

**Grauwasser:** Leicht verschmutztes Abwasser aus Dusche, Waschbecken oder Waschmaschine. Es kann z. B. zur Gartenbewässerung wiederverwendet werden.

**Schwarzwasser:** Stark verschmutztes Abwasser aus Toiletten, das Fäkalien enthält und über die Kanalisation entsorgt werden muss.

**Abwasser:** Oberbegriff für alle Arten von gebrauchtem Wasser aus Haushalten, Industrie oder Landwirtschaft, inklusive Grau- und Schwarzwasser.

**Trinkwasser:** Wasser in hoher Qualität, das zum Trinken, Kochen und für die Körperpflege geeignet ist. Es muss hygienisch einwandfrei sein.

**Nutzwasser (Industriewasser):** Wasser, das in der Industrie oder Landwirtschaft für technische Prozesse, Kühlung oder Reinigung eingesetzt wird.

**Kondenswasser:** Wasser, das sich durch Kondensation aus Luftfeuchtigkeit bildet, z. B. an kalten Oberflächen oder aus Klimaanlagen.

**Salzwasser:** Wasser mit hohem Salzgehalt, z. B. Meerwasser. Für den Menschen nicht trinkbar, aber Lebensraum für viele Organismen.

**Süßwasser:** Wasser mit geringem Salzgehalt, z. B. Flüsse, Seen, Grundwasser. Nur etwa 2,5 % des weltweiten Wassers ist Süßwasser.

**Prozesswasser:** Spezifisch aufbereitete Wasserqualität, die in industriellen Prozessen mit besonderen Anforderungen (z. B. Reinraum, Pharma) benötigt wird.

**Destilliertes Wasser:** Vollständig von Mineralien und Salzen befreites Wasser, hergestellt durch Verdampfen und Kondensieren, z. B. für Bügeleisen oder Laboranwendungen.

**Reinstwasser:** Extrem reines Wasser, frei von fast allen gelösten Stoffen, verwendet in Halbleitertechnik, Medizin und Laboren.

# DER BODEN

**Die Wasserspeicherfähigkeit von Böden ist eine bislang kaum genutzte Ressource. Das Erdreich kann jedoch sehr viel Wasser aufnehmen. Wenn wir es mit Wasser „betanken", hat dies eine ausgleichende Wirkung bei zu viel und zu wenig Regen.**

Allerdings ist nicht jeder Boden gleich. Bei einem sandigen Boden versickert Wasser beispielsweise schnell. Bei einem tonigen Boden bleibt das Wasser möglicherweise länger stehen, bevor es versickert.

**Sandiger Boden** besteht aus groben Partikeln und großen Hohlräumen. Regenwasser kann schnell hindurchsickern. Der Boden ist nach einem Regenguss recht schnell wieder trocken. Sandboden hat eine hohe Wasserdurchlässigkeit, aber nur eine sehr geringe Wasserhaltefähigkeit.

**Tonboden** hingegen ist wie ein feinporiger Schwamm. Er kann viel Wasser aufnehmen und es auch lange speichern. Es kann jedoch eine Weile dauern, bis das Wasser in den Boden eingesickert ist.

**Lehmboden** ist ideal für den Hausgarten. Er vereint die Eigenschaften von Sand- und Tonboden. Wasser staut sich nicht, aber der Tonanteil kann trotzdem genügend Feuchtigkeit speichern.

## WASSERSPEICHERFÄHIGKEIT

Lehmboden kann ungefähr 20 % seines Volumens als Wasser speichern, bei Sandboden sind es nur etwa 8 %. Tonböden speichern zwar ebenfalls sehr viel Wasser, aber sie halten es so fest, dass die Pflanzenwurzeln nur schwer darauf zugreifen können. Die Wasserspeicherfähigkeit bestimmt, wie lange ein Boden nach Regen feucht bleibt und wie gut er die Pflanzen mit Wasser versorgen kann.

## BODENARTEN UND WASSERSPEICHERFÄHIGKEIT

| BODENART | WASSERSPEICHERVERMÖGEN (VOLUMENPROZENT) | BESCHREIBUNG |
|---|---|---|
| Sandboden | 5–10 % Vol. | Grobkörnig, hohe Versickerung, geringe Wasserspeicherung |
| Lehmboden | 15–25 % Vol. | Mischung aus Sand, Schluff und Ton – gute Speicherfähigkeit |
| Tonboden | 30–45 % Vol. | Feinkörnig, hohe Wasserbindung, aber schlechte Abgabe an Pflanzen |

## SCHWAMMGARTEN

Wird das Erdreich im Garten zu einem Schwamm, müssen keine teuren Zisternen gebaut werden, um sehr viel Wasser speichern zu können. Wenn möglich, sickert das Wasser weiter nach unten zum Grundwasser. Das ist auf alle Fälle eine Verbesserung im Vergleich dazu, das Wasser durch die Kanalisation abzuleiten.

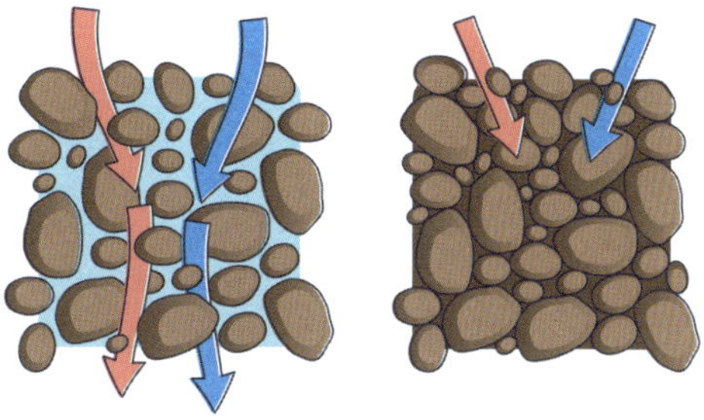

*Normaler Boden (links) ist für Luft und Wasser durchlässig. Verdichteter Boden (rechts) kann weder Wasser noch Luft aufnehmen.*

### RECHTLICHES

**Wasserrechtliche Erlaubnis:** Das Versickern von Niederschlagswasser im Grundwasser kann eine Genehmigung der zuständigen Wasserbehörde erfordern. Zwar soll Regenwasser laut Wasserhaushaltsgesetz (WHG) möglichst ortsnah versickern, doch die gezielte Einleitung in den Untergrund ist genehmigungspflichtig. Erkundigen Sie sich bei Ihrer Kommune, ob Sie eine Erlaubnis benötigen. Oft gibt es Freistellungen für kleinflächige private Anlagen oder reines Dachwasser.

**Grenzabstand:** Um vernässte Kellerwände und Beeinträchtigungen der Nachbargrundstücke zu vermeiden, sind Mindestabstände einzuhalten. Üblich sind mindestens 2 m Abstand zur Nachbarsgrenze. In der Nähe von Nachbargebäuden, welche nah an der Grenze stehen, kann es sein, dass eine Versickerung aber auch nur eingeschränkt oder gar nicht möglich ist.

**Gebäudeabstand:** Bei der Versickerung von Wasser sollte der Abstand zu einem unterkellerten Gebäude mindestens das 1,5-fache der Baugrubentiefe (Abstand der Bodenoberfläche bis zur untersten Kante des Gebäudefundaments) betragen. Bei Gebäuden mit Abdichtung gegen drückendes Wasser und bei nicht unterkellerten Gebäuden ist die Einhaltung des genannten Abstands nicht zwingend notwendig.

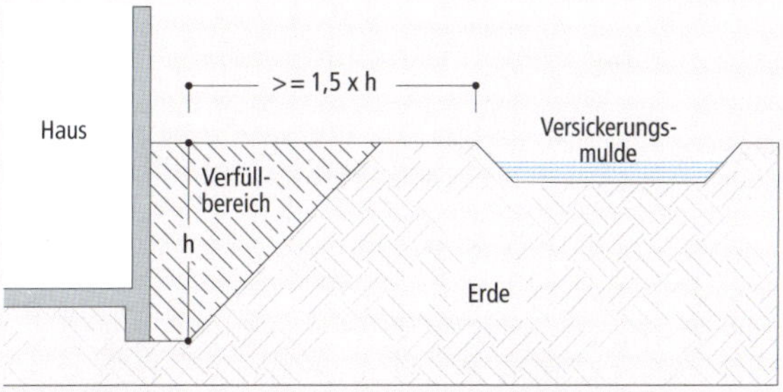


*Abstand einer Versickerungsmulde von einem unterkellerten Gebäude*

**Baugenehmigung:** Das Aufstellen einer Regentonne oder der Einbau kleinerer Zisternen ist in der Regel genehmigungsfrei. Bei großen unterirdischen Behältern oder baulichen Änderungen (beispielsweise das Anlegen einer Zisternengrube nahe der Grundstücksgrenze) kann jedoch eine Baugenehmigung oder zumindest eine Anzeige bei der Baubehörde erforderlich sein. Klären Sie im Voraus, ob Ihr Vorhaben baurechtlich relevant ist, denn dies hängt von den Landesvorschriften ab.

**Abwassergebühren:** Wenn Sie Regenwasser versickern oder in Zisternen zwischenspeichern, können Sie eine Reduzierung dieser Gebühr erreichen. Informieren Sie sich bei Ihrem Stadtentwässerungsbetrieb über die erforderlichen Nachweise. Beispielsweise kann es erforderlich sein, nachzuweisen, dass Ihre Dachrinnen vom Kanal abgekoppelt sind.

# REGENWASSER

## — *ernten & speichern*

# WASSER HALTEN STATT ENTSORGEN

**Extreme Wetterereignisse wie lang anhaltende Dürreperioden und plötzliche Starkregenereignisse stellen uns vor neue Herausforderungen. Wie können wir uns anpassen?**

In Hitzephasen vertrocknen Pflanzen, und bei Wolkenbrüchen kann der Boden die Wassermassen oft nicht aufnehmen. In kurzer Zeit können weit über 100 Liter Regen pro Quadratmeter fallen. Solche Wassermengen überfordern die Kanalisation. Das Wasser fließt unkontrolliert ab, überschwemmt Straßen und Keller und richtet große Schäden an. Dennoch leiten wir den größten Teil des Regenwassers von unseren Dächern so schnell wie möglich in die Kanalisation, anstatt es im Garten zu speichern. So verlässt das wertvolle Nass innerhalb kürzester Zeit Städte und Dörfer. In der nächsten und übernächsten flussabwärts liegenden Stadt kann dieses Wasser dann große Schäden verursachen.

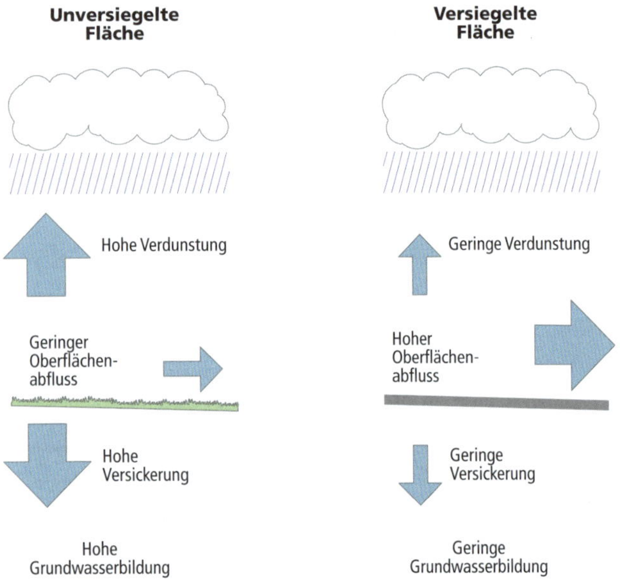


*Grünflächen (links) können Wasser aufnehmen und versickern. Auf versiegelten Flächen (rechts) läuft der Großteil des Wassers ab – und verursacht Überschwemmungen.*

## WASSERSPEICHER – HERZSTÜCK EINES KLIMAFITTEN GARTENS

Wir brauchen dringend einen kostengünstigen Paradigmenwechsel. Unser Ziel ist es, sowohl mit zu viel als auch mit zu wenig Wasser zurechtzukommen. Daher sollten wir Regenwasser im Garten zurückhalten und nutzen, statt es direkt in den Kanal zu leiten. Wenn es regnet, sollte so viel Wasser wie möglich auf unserem Grundstück zurückgehalten werden und versickern. Das hilft auch in langen Trockenphasen. Denn alle Pflanzen brauchen Wasser – selbst trockenheitsverträgliche Arten. Ohne Wasser ist alles nichts. Regenwasser sollte an Ort und Stelle gehalten und genutzt werden – im Boden oder in speziellen Speichern. So bleibt es im natürlichen Kreislauf des Gartens. Dadurch vermeiden wir Überflutungen und überbrücken Trockenzeiten. Schon heute schränken manche Kommunen in Dürreperioden die Gartenbewässerung ein. Wer dann über einen Regenwasservorrat im Boden, d. h. im Erdreich gespeichertes Wasser, verfügt, ist klar im Vorteil.

## SCHWAMMSTADT

Freiflächen und gesunde Böden können enorme Regenmengen puffern. Auf unversiegeltem und begrüntem Boden versickert und verdunstet ein Großteil des Niederschlags, während er auf Asphalt oder Beton ungehindert abfließt, ungenutzt verloren geht und Schäden verursachen kann. Bei dem Konzept der Schwammstadt wird Regenwasser wie bei einem Schwamm in der Stadt gespeichert und erst bei Trockenheit wieder abgegeben, anstatt es sofort in die Kanalisation zu leiten. Dadurch wird die Stadt widerstandsfähiger gegen Hochwasser und Dürre. Das Konzept hilft also gleichzeitig bei zu viel und zu wenig Wasser.

*„Es ist absurd: Wir spülen all das wichtige Regenwasser fort und jammern kurz darauf, dass unsere Gärten im Sommer vertrocknen.“*

## DIE DREI PRINZIPIEN

**Speicherung und Nutzung:** Regenwasser fließt nicht direkt in den Kanal, sondern wird aufgefangen und gespeichert.
**Versickerung und Verdunstung:** Das Wasser bleibt möglichst dort, wo es fällt, und versickert oder verdunstet vor Ort im Boden.

**Verzögerung und Ableitung:** Bei Starkregen werden die Wassermassen vor Ort zurückgehalten und erst zeitverzögert in die Kanalisation abgeleitet. Ideal wäre es, wenn der Großteil des Regenwassers direkt versickern würde.

## SCHWAMMSTADT

1 Notabflussweg
2 Multifunktionale Fläche
3 Zisterne
4 Baumstandort mit Wasserspeicher
5 Stadtgrün
6 Solargründach
7 Bepflanzte Versickerungsmulde
8 Feuchtbiotop
9 (Retentions-) Gründach
10 Fassadenbegrünung
11 Wasserdurchlässiger Belag

Wenn bei heftigen Regenfällen nicht das gesamte Wasser sofort in die Kanalisation fließt, verringert dies das Überschwemmungsrisiko. Gleichzeitig fördert eine hohe Versickerungsrate die Grundwasserneubildung und wirkt einem Absinken des Grundwasserspiegels entgegen.

## VON DER SCHWAMMSTADT ZUM SCHWAMMGARTEN

Die drei Prinzipien der Schwammstadt können Sie auch in Ihrem Garten anwenden. So betreiben Sie Hochwasservorsorge in Ihrem Garten, speichern Wasser zur Bewässerung Ihrer Pflanzen in Trockenzeiten und tun auch der Umwelt etwas Gutes: Beim Schwammstadt-Prinzip wird Regenwasser dort gespeichert, wo es fällt, beispielsweise im Boden, in Mulden, Regentonnen oder auf begrünten Dächern, und wieder genutzt. Der Abfluss vom eigenen Grundstück wird verringert.

### VORTEILE FÜR DEN GARTEN

Regenwasser ist die Lebensader Ihres Gartens, daher sollten Sie so viel wie möglich davon speichern. Sorgen Sie dafür, dass ein Großteil des Regenwassers im Boden versickern kann. Lassen Sie möglichst viel davon wieder verdunsten – idealerweise durch Ihre Gartenpflanzen. Jede Maßnahme, die Sie ergreifen, um das Wasser auf Ihrem Grundstück zu halten, erhöht langfristig die Widerstandsfähigkeit Ihres Gartens gegenüber Wetterextremen.

**Wasserversorgung im Garten sichern:** In der Erde gesammeltes Regenwasser steht Ihnen in Trockenperioden für die Bewässerung zur Verfügung, sodass Ihre Bäume und Beete Hitzeperioden besser überstehen, ohne dass kostbares Trinkwasser verschwendet wird.

**Überflutungsschutz:** Regenwasserspeicher und Versickerungsflächen verhindern den ungebremsten Abfluss von Regenwasser bei Starkregen. Dadurch sinkt das Überflutungsrisiko auf Ihrem Grundstück und in der Nachbarschaft deutlich.

**Grundwasser auffüllen:** Versickertes Regenwasser erhöht die Grundwasserneubildung, schließt den lokalen Wasserkreislauf und kommt der Natur zugute. Grundwasser ist ein zentrales Speicher- und Ausgleichselement im natürlichen Wasserhaushalt: Es speist dauerhaft Flüsse, Seen und Feuchtgebiete und sichert damit den Was-

*Kletterpflanzen verhindern Erhitzung.*

serfluss auch in Trockenzeiten. Gleichzeitig wirkt es wie ein Puffer, indem es Niederschläge aufnimmt, zurückhält und langsam wieder abgibt.

**Bessere Pflanzenversorgung:** Regenwasser ist weich und kalkfrei – ideal für die meisten Gartenpflanzen, die damit oft besser gedeihen als mit hartem Leitungswasser. Selbst empfindliche Gewächse danken es Ihnen mit gesundem Wachstum.

**Kühleres Mikroklima:** Verdunstendes Wasser aus Boden, Regentonne oder Zisterne kühlt den Garten. Gut bewässerte Grünflächen wirken an heißen Tagen wie eine natürliche Klimaanlage.

**Biodiversität fördern:** Ein feuchter, grüner Garten wird zum Lebensraum für viele Tiere. Wasserstellen, Teiche oder mit Regenwasser bewässerte blühende Beete bieten Trinkplätze und Nahrung für Insekten, Vögel und andere Gartentiere.

## DER GARTEN ALS WASSERSPEICHER

Unversiegelte, begrünte Böden nehmen den Großteil des Regenwassers auf, anstatt es ungenutzt in die Kanalisation laufen zu lassen. Schon mit einfachen Mitteln machen Sie aus Ihrem Garten einen kleinen „Schwamm" für Regenwasser: Entsiegeln Sie Wege und Hofflächen, verwenden Sie wasserdurchlässige Beläge wie Kies oder Rasengittersteine, damit Regen ins Erdreich eindringen kann. Mulch und Kompost verbessern die Bodenstruktur, sodass der Boden Wasser besser aufnehmen und speichern kann. Humusreiche, lockere Erde speichert Feuchtigkeit deutlich länger als verdichteter Boden. Auch leichte Veränderungen im Gelände können helfen: Flache Mulden im Rasen oder Beet sammeln Regenwasser und lassen es langsam versickern, statt es unkontrolliert über die Oberfläche abzufließen zu lassen.

## DACHFLÄCHEN ALS WASSERSPEICHER

Dächer lassen sich begrünen und als Wasserspeicher nutzen. Die Pflanzenschicht auf dem Hausdach oder der Garage speichert Regenwasser und gibt es zeitverzögert wieder ab. Dadurch wird die Kanalisation bei Starkregen entlastet und das Risiko von Überschwemmungen am Haus sinkt. Auch das Auffangen von Regenwasser in Regentonnen oder Zisternen ist sinnvoll. So haben Sie in Trockenzeiten kostenloses Gießwasser und vermeiden, dass Regenwasser ungenutzt im Abfluss verschwindet.

All diese Maßnahmen sorgen dafür, dass das Regenwasser auf Ihrem Grundstück bleibt und im natürlichen Wasserkreislauf genutzt wird. Während es nach und nach verdunstet, kühlt die Umgebung ab. So wird Ihr Hausgarten zu einer kleinen Schwammstadt, die sowohl Starkregen als auch Sommerhitze besser bewältigen kann. Überschüssiges Wasser fließt in die Kanalisation, sodass Sie auf der sicheren Seite sind.

*Regenwasser wird in Mulden gespeichert.*

*Je weniger Versiegelung, desto besser.*

# WO FÄLLT DAS WASSER AN?

**Auf den meisten Grundstücken fällt ein großer Teil des Regenwassers auf die Dachflächen. Der Rest fällt auf versiegelte oder offene Bodenflächen.**

## DACHFLÄCHEN

Da Wasser, welches auf das Dach fällt, über Regenrinnen und Fallrohre gebündelt abfließt, lässt es sich leicht sammeln. Je größer die Dachflächen sind, desto mehr Wasser kann gespeichert werden. Eine Wasserweiche ermöglicht es Ihnen, den Zufluss auszuschalten, wenn Sie beispielsweise längere Zeit nicht zu Hause sind.
Ziegel-, Ton- oder Schieferdächer sowie Metallbedachungen mit Schutzbeschichtung liefern in der Regel sehr sauberes Wasser. Dächer aus Kupfer oder Zink können beim Regen Metallionen abgeben, und Bitumenbahnen enthalten oft Lösemittel. Solches belastetes Wasser eignet sich nicht für den Garten.

### WASSERMENGE EINSCHÄTZEN

Die Wassermenge wird in Liter bzw. Millimeter pro Quadratmeter gemessen. Wenn es auf 1 Quadratmeter so viel regnet, dass das Wasser auf der Fläche 1 mm hoch steht, handelt es sich um eine Wassermenge von 1 Liter. Jeder Quadratmeter Dachfläche fängt bei 1 mm Niederschlag 1 Liter Wasser ein. Bei 100 Quadratmetern Dachfläche sind das schon 100 Liter Regenwasser.

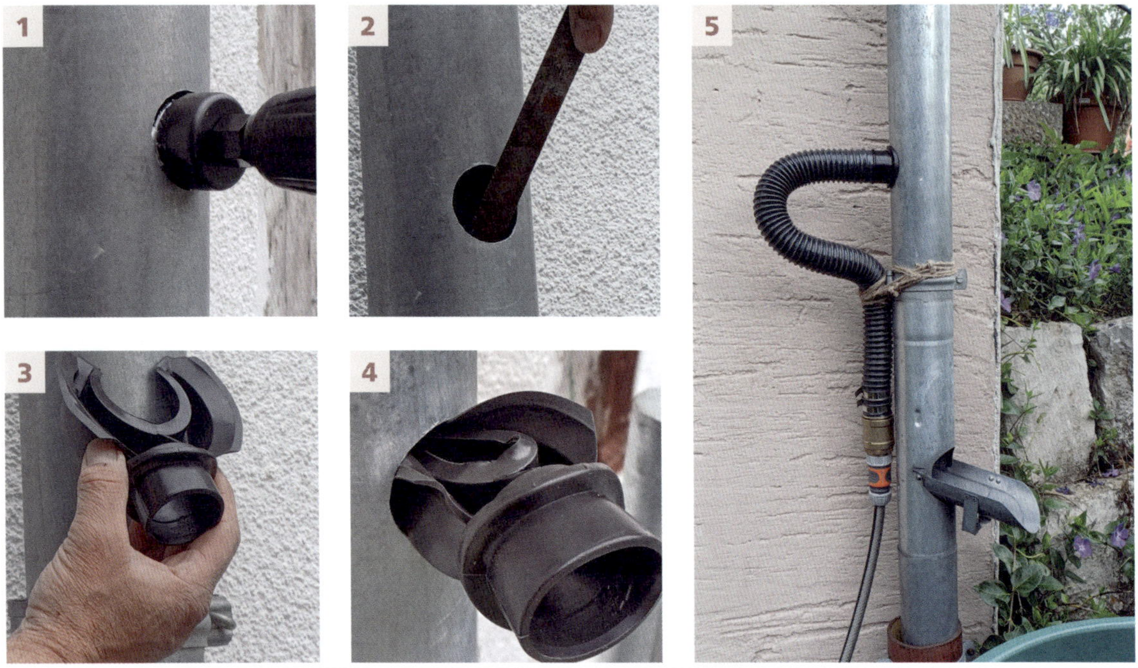

*In das Fallrohr mit einer Bohrkrone ein Loch bohren (1). Mit einer abgerundeten Metallfeile den Bohrlochrand entgraten (2). Die Gummilippen liegen später an der Fallrohrinnenwand an (3). Den Regensammler mit den Mulden nach oben in das Bohrloch einstecken (4.) Fertig montierter Regensammler: Die Teile mit Kabelbinder oder Schnur befestigen (5). Optimal: Manche Regensammler haben Filter, die Laub und Schmutz zurückhalten.*

## SCHÜTTSTEIN-ABLAUF UND GEPFLASTERTE RINNEN

Ein Schüttstein-Ablauf ist ein stabiler, mit Steinen ausgelegter Bereich am unteren Ende des Fallrohrs. An dieser Stelle trifft das Wasser auf, wenn es aus dem Rohr herausströmt. Diese Auffangfläche bremst die Wucht des ausströmenden Wassers und verhindert so, dass Erde weggespült wird oder Mulden entstehen.
Eine gepflasterte Rinne ist eine kleine, offene Wasserführung aus Pflastersteinen, die Regenwasser von einer Austrittsstelle gezielt ableitet.

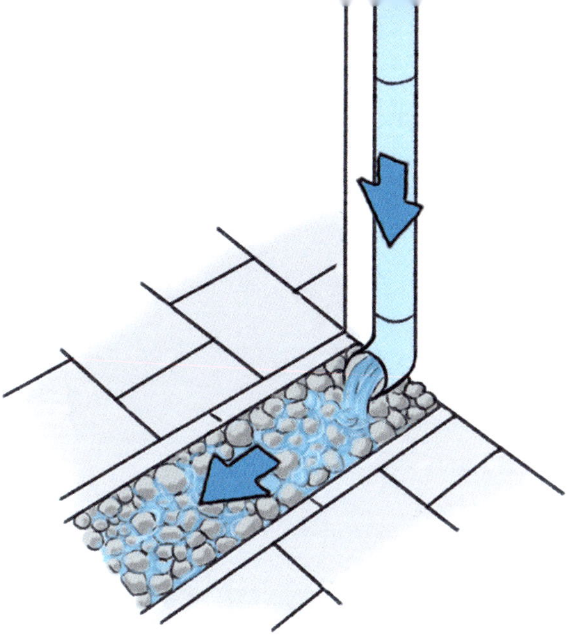

*Ein Schüttstein-Ablauf bremst austretendes Wasser, verteilt den Strahl, verhindert Erosion und schützt Boden und Bauwerke.*

## VERSIEGELTE BODENFLÄCHEN

Niederschläge auf versiegelten Flächen wie Einfahrten oder Wegen fließen häufig direkt in die Kanalisation ab. Eine Möglichkeit ist, diese Flächen zu entsiegeln, beispielsweise mit Rasengittersteinen, einer Kiesfläche oder einer wassergebundenen Decke, damit das Regenwasser direkt im Boden versickern kann. Alternativ können Sie das abfließende Wasser auch gezielt umleiten. So kann eine Rinne oder Mulde das Dach- oder Oberflächenwasser in einen Gartenbereich leiten, statt in den Kanal. In solchen Versickerungsmulden sammelt sich das Regenwasser, bevor es langsam im Erdreich versickert. Am Ende Ihrer Versickerungsfläche kann dann immer noch ein Ablauf das überschüssige Wasser in den Kanal ableiten. Beachten Sie, dass Wasser von Garagenzufahrten oder Stellplätzen Öl oder Salz enthalten kann. Dieses belastete Wasser sollte nicht im Beet versickern, sondern (wenn nötig) gefiltert und zur Kanalisation geleitet werden, um Boden und Grundwasser zu schonen.

### „FLÄCHEN-VOLUMEN-DENKFEHLER"

Bei der Umrechnung von Fläche zu Volumen (also der Wasserhöhe) verschätzen wir uns oft: Meist schätzen wir die potenziell nutzbare Wassermenge als viel zu gering ein. Wenn wir das obige Beispiel weiterdenken, füllt die Wassermenge von 1 mm pro Quadratmeter bei einer Dachfläche von 100 Quadratmetern schon fast eine Badewanne.
Nun stellt sich die Frage, welche Wassermengen uns denn pro Jahr maximal zur Verfügung stehen. Der Einfachheit halber bleiben wir bei einer Dachfläche von 100 Quadratmetern (nicht die Dachschräge rechnen!).
Wenn wir von einer Gesamtniederschlagsmenge von 600 Litern pro Quadratmeter ausgehen, könnten wir pro Jahr maximal folgende Wassermenge ernten: $100\ m^2 \times 600\ l/m^2 = 60.000\ l = 60\ m^3$. Diese Wassermenge entspräche einem Würfel mit einer Seitenlänge von ca. 3,90 m. Das wiederum entspricht 6.000 Gießkannen mit je 10 Litern. Das Potenzial ist also wesentlich größer, als wir es uns im Allgemeinen vorstellen.

## OFFENE BODENFLÄCHEN

Beete, Rasen und weitere unversiegelte Gartenflächen können Regenwasser gut aufnehmen. Verbessern Sie die Versickerung, indem Sie verdichtete Böden auflockern und organisches Material wie Kompost oder Mulch einarbeiten. So kann Regenwasser tiefer eindringen. In Hanglagen bremsen kleine Terrassen oder Graswälle den Abfluss und lassen mehr Wasser versickern. Sie können auch gezielt Senken anlegen: Eine Versickerungsmulde oder -rinne sammelt Regenwasser und gibt es langsam an den Boden ab. Pflanzen in und um diese Mulden herum erhalten in Trockenzeiten ausreichend Feuchtigkeit. Ein humoser Boden wirkt wie ein Schwamm: Er speichert viel Regenwasser und gibt es langsam wieder ab.

*IBC-Container können verkleidet werden.*

*Baumbewässerungssack – Wasser versickert am Stamm.*

# OBERIRDISCHE REGENWASSERSPEICHER

Regenwasser lässt sich leicht oberirdisch speichern. Solche Lösungen sind sichtbar, gut erreichbar und oft einfach einzubauen. Das Wasser sollte möglichst gut vor Lichteinfall und Erwärmung geschützt werden, da sich sonst Algen bilden können.

## REGENTONNE

Mit einem Fassungsvermögen von 200 bis 700 Litern fangen Regentonnen Niederschlagswasser von Dachflächen auf. Sie werden direkt neben einem Fallrohr aufgestellt. Das Fallrohr wird dann mit einer Fallrohrklappe ausgestattet, über die das Wasser entnommen werden kann.

Regentonnen sind kostengünstig, mobil und können einfach aufgestellt werden. Der Wasserzapfhahn befindet sich ganz unten, damit das gesamte Wasser der Regentonne entnommen werden kann. Bringen Sie die Regentonne daher erhöht an, damit Sie eine Gießkanne unter den Hahn stellen können. Sorgen Sie für einen Überlauf, der überschüssiges Wasser vom Haus wegleitet. Ein Deckel ist Pflicht, da er Verdunstung, Laubfall, Hineinfallen von Tieren etc. verhindert. In Trockenzeiten liefert die Regentonne kostenloses Gießwasser, jedoch leider nur in relativ begrenzter Größenordnung.

## IBC-CONTAINER

IBC-Container (Intermediate Bulk Container) sind große Kunststoffbehälter, die auf einer Euro-Palette (ca. 80 x 120 cm) stehen und ungefähr 1.000 Liter fassen. Sie stammen oft aus Industrienachlässen, sind dadurch preisgünstig und zudem ein Recyclingprodukt. Sie lassen sich flexibel nutzen: Mehrere Container können gestapelt oder gekoppelt werden, um das Speichervolumen zu vergrößern. Das hat den Vorteil, dass mit einer Pumpe das Wasser aller IBC-Container gepumpt werden kann. Ein 1.000-Liter-IBC speichert so viel Wasser wie mehrere Regentonnen, kostet aber meist viel weniger. IBC-Container sind wetterfest und wartungsarm. Wenn sie halb in die Erde eingelassen sind, lassen sich mit den Blöcken Sitzmöglichkeiten herstellen.

## BAUMBEWÄSSERUNGSSÄCKE

Das sind Kunststoffsäcke, die um den Stamm gelegt und mit Wasser befüllt werden. Die Säcke geben das Wasser über viele Stunden kontinuierlich direkt an den Wurzelbereich ab. So bleibt der Boden länger feucht, während Verdunstungsverluste reduziert werden. Das spart Arbeit und hilft besonders frisch gepflanzten oder jungen Bäumen, in Trockenzeiten nicht auszutrocknen. Ein 75-Liter-Sack kann einen Baum mit einer Füllung etwa fünf bis neun Stunden lang bewässern. Gleichzeitig fördert die gezielte Bewässerung das Wurzelwachstum in die Tiefe.

## GRÜNDACH

Ein Gründach speichert viel Regenwasser, das in Vegetation und Substrat aufgenommen wird. Das Substrat kann 20 bis 100 l/m² Wasser speichern. Intensiv begrünte Dächer (mit einer größeren Substratschicht) speichern dabei mehr Wasser als extensiv begrünte Dächer (mit einer ca. 8 cm dicken Substratschicht). Eine Drainage leitet überschüssiges Wasser ab; eine integrierte Speicherschicht kann Wasser zurückhalten und zeitverzögert abgeben. So gelangt bei Starkregen nicht die gesamte Niederschlagsmenge sofort in die Kanalisation. Eine Dachbegrünung verzögert somit den Abfluss und schützt die Kanalisation vor Überlastung.

## RETENTIONSDACH

Ein Retentionsdach speichert Regenwasser gezielt auf dem Dach und leitet es zeitversetzt weiter. Dazu werden Vegetation, Substrat und zusätzliche Speicherelemente wie Wassermatten oder Hohlkammermodule zur Rückhaltung genutzt. Vegetation und Substrat speichern einen Teil des Niederschlags und geben ihn über Verdunstung ab. Der übrige Anteil wird im Retentionsraum zwischengespeichert und über eine Drossel zeitverzögert und mengenbegrenzt abgeführt (binnen 24 bis 48 Stunden). So fließt bei Starkregen nicht die gesamte Wassermenge sofort in die Kanalisation, und das Abwassersystem wird entlastet.
Aufgrund des hohen Gewichts (inklusive Substrat, Pflanzen und Wasser) erfordern Retentionsdächer eine besonders tragfähige Dachkonstruktion. Ein Notüberlauf leitet überschüssiges Wasser kontrolliert in die Kanalisation, wenn das Speichervermögen ausgeschöpft ist. Ihr großer Vorteil ist die deutlich höhere Speicherkapazität im Vergleich zu einfachen Gründächern: Sehr große Regenmengen können zurückgehalten werden, anstatt sie sofort abzuleiten.

*Eine extensive Dachbegrünung ist leichter als die übliche Kiesschüttung.*

# UNTERIRDISCHE REGENWASSERSPEICHER

Unterirdische Speicherung bietet viel Volumen, ohne oben Fläche zu belegen, ist jedoch deutlich teurer als eine Regentonne. Im Untergrund ist das Wasser vor Licht und hohen Temperaturen geschützt.

## ZISTERNEN

Zisternen sind unterirdische Tanks aus Kunststoff, Beton oder Metall, die Regenwasser von Dachflächen sammeln. Mit ihren großen Speichervolumina von häufig 5.000 bis 20.000 Litern bieten sie einen Puffer für Trockenperioden. Der Tank wird im Garten eingegraben. Dazu wird eine Grube ausgehoben. Während kleine Kunststoffzisternen meist selbst eingesetzt werden können, ist für große Betonzisternen meist ein Kran nötig. Am Zulauf ist oft ein Laubfang oder Feinfilter installiert, der Blätter und Schmutz zurückhält. So fließt nur sauberes Wasser in den Tank. Im lichtgeschützten Tank bleibt das Wasser länger frisch und es bilden sich kaum Algen.
Ist die Zisterne voll, leitet ein Überlauf überschüssiges Wasser kontrolliert ab, beispielsweise in einen Rigolengraben oder in die Kanali-

*Flache Rigole zur Regenwasserversickerung vor dem Einbau in die Erde*

sation. Das gespeicherte Regenwasser können Sie bei Bedarf mit einer Tauchpumpe aus dem Tank entnehmen. Damit lassen sich entfernte Beete bequem mit gesammeltem Regenwasser wässern.

### VOR- UND NACHTEILE

Ein Vorteil der Zisterne ist ihr großes Speichervermögen und die Nutzung des Raums unter der Erde – so bleibt mehr Platz für den Garten. Nachteilig sind die Anschaffungs- und Einbaukosten: Eine Zisterne mit einem Fassungsvermögen von 5.000 Litern kostet inklusive Einbau etwa 5.000 Euro. Langfristig sparen Sie jedoch Leitungswasser ein und machen Ihren Garten unabhängiger vom Wetter.

Wichtig ist außerdem die regelmäßige Wartung: Reinigen Sie Filter und Siebe regelmäßig, damit diese nicht verstopfen. Über die Jahre setzt sich etwas Schlamm am Tankboden ab, der bei Bedarf entfernt werden kann. Wenn die Zisterne fachgerecht eingebaut ist, arbeitet sie viele Jahre lang zuverlässig und weitgehend wartungsfrei.

## RIGOLEN

Rigolen, auch Sickergräben genannt, sind unterirdische Versickerungssysteme, die Regenwasser gezielt in den Boden leiten. Eine Rigole besteht in der Regel aus einem mit Kies oder Schotter gefüllten Graben oder aus modularen Hohlraum-Elementen (zum Beispiel aus Kunststoff), die viel Wasser speichern können. Moderne Rigolensysteme bestehen oft aus stapelbaren Kunststoffmodulen, die mit Geotextil umwickelt sind, damit keine Erde eindringen kann. Je nach Platz und Bedarf können die Module in Reihe gelegt oder gestapelt werden, um das benötigte Speichervolumen zu erreichen.

Im Betrieb leiten Rigolen große Regenwassermengen langsam und kontrolliert in tiefere Bodenschichten ab. Damit wirken sie der Oberflächenversiegelung entgegen und tragen dazu bei, das Grundwasser wieder aufzufüllen. Insgesamt ist eine Rigole eine nachhaltige Lösung, um Regenwasser auf dem eigenen Grundstück zu versickern, ohne oberirdisch nennenswert Platz zu beanspruchen.

*Einbau einer Zisterne mit 10 Kubikmeter Volumen*

*Nur der Schachtdeckel ist an der Oberfläche sichtbar.*

### VOR- UND NACHTEILE

Rigolen bleiben unsichtbar unter der Oberfläche: Sie können sie unter Rasen, Beeten oder Wegen platzieren. Da sie unter der Erde liegen, benötigen sie keine Fläche im Garten. Da nur ein kleines Grabenstück lokal aufgegraben werden muss, eignen sich Rigolen auch für schmale oder beengte Grundstücke. Einmal eingebaut, sind sie sehr wartungsarm – außer der gelegent-

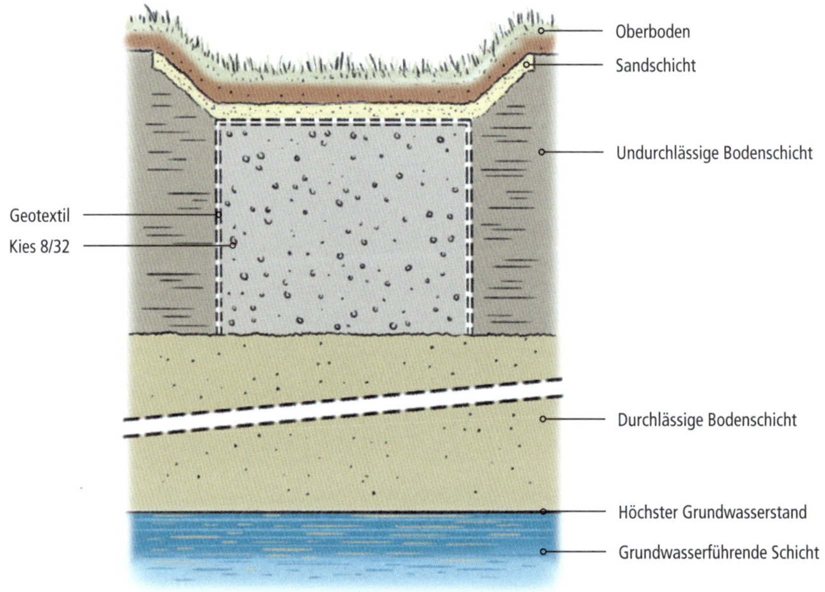


*Eine Versickerungsmulde mit einer darunterliegenden Kiesschüttung (= Rigole) wird auch als Mulden-Rigolen-System bezeichnet. Hier wird oberirdisches Anstauvolumen mit unterirdischem Speicherraum kombiniert.*

lichen Kontrolle und Reinigung des Zulauffilters ist wenig zu tun. Im Unterschied zur Zisterne wird Regenwasser in einer Rigole nicht gespeichert, sondern sofort dem Boden zugeführt. Allerdings funktionieren Rigolen nur bei ausreichend durchlässigem Untergrund: In sehr lehmigen Böden versickert Wasser nur langsam. Der Zulauffilter sollte regelmäßig gereinigt werden, um Verstopfungen zu vermeiden. Wenn diese Voraussetzungen gegeben sind, arbeitet eine Rigole jahrelang zuverlässig.

## MULDEN-RIGOLEN-SYSTEME

Mulden-Rigolen-Systeme verbinden oberirdische Mulden mit unterirdischen Versickerungselementen. Sie fangen Regenwasser zunächst in einer flachen Senke auf. Diese Mulde kann wie ein kleines Biotop mit Feuchtpflanzen bepflanzt sein. Das Wasser sammelt sich dort kurzzeitig und sickert langsam durch den Boden in eine darunterliegende Rigole ab.
Die Pflanzen und der Boden der Mulde wirken dabei wie ein natürlicher Filter, der Schmutz und Sedimente zurückhält. Dadurch wird der Abfluss des Wassers deutlich verzögert.
Unter der Mulde befindet sich entweder ein mit Kies gefüllter Rigolengraben oder modulare Speicherelemente, die zusätzlich Wasser aufnehmen. Wenn die Mulde bei Starkregen überflutet ist, leitet ein Überlauf überschüssiges Wasser in eine andere Versickerungsanlage oder den Kanal.

### VORTEILE

Mulden-Rigolen-Systeme sind sehr nachhaltig und pflegeleicht. Sie verteilen das Regenwasser lokal und führen es dem Grundwasser zu. Ein weiterer Vorteil ist, dass Mulden-Rigolen-Systeme nur wenig Platz über der Erde beanspruchen. Ein Großteil des Wassers versickert unsichtbar im Boden. Sie tragen zum Hochwasserschutz auf Ihrem Grundstück bei und entlasten gleichzeitig die Kanalisation. Die Pflege beschränkt sich auf das Entfernen von Laub und Schlamm aus der Mulde. Insgesamt verbindet dieses System die Speicherung von Regenwasser mit dessen Versickerung vor Ort.

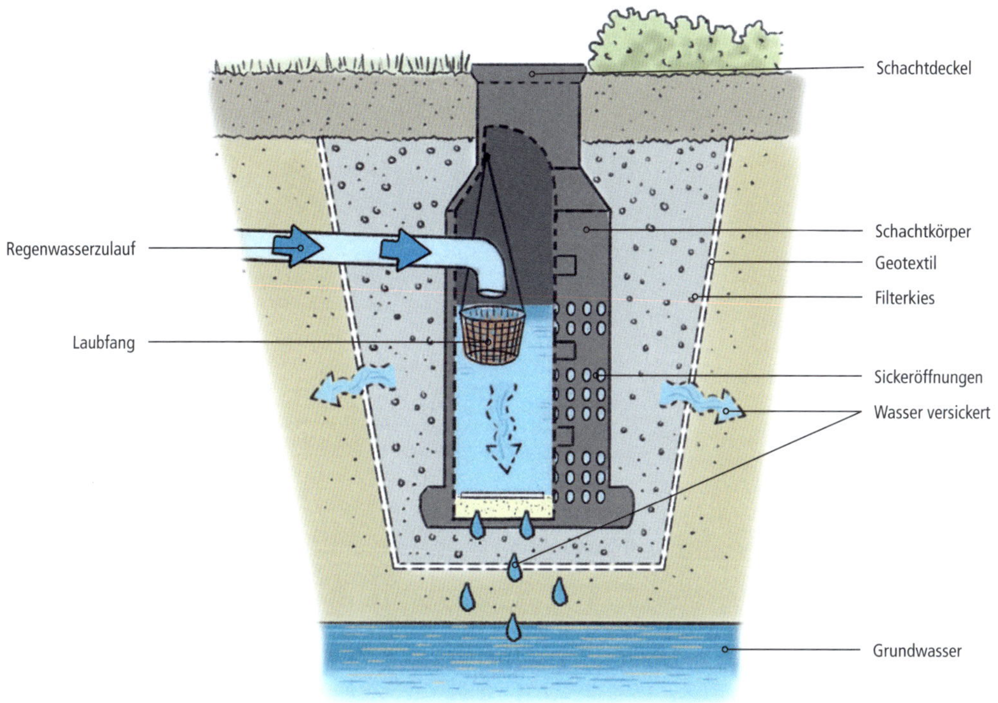


*Ein Versickerungsschacht kann sofort eine größere Menge Wasser speichern und dieses dann über einen bestimmten Zeitraum wieder abgeben. Ein Schacht erreicht tiefere Bodenschichten als eine Versickerungsmulde.*

## SCHACHTVERSICKERUNG

Bei der Schachtversickerung wird das Regenwasser über ein Fallrohr in einen senkrechten Sickerschacht geleitet. Dieser besteht aus übereinandergestapelten Ringen aus Beton oder Kunststoff. Das Wasser wird im Schacht zwischengespeichert und dringt dann allmählich in den Boden ein. Der Schacht wird in der Regel mit einem Deckel oder Gitter verschlossen, das sich für Wartungsarbeiten öffnen lässt.

### VORTEILE

Schachtversickerungen sind ideal, wenn nur wenig Platz verfügbar und der Boden mäßig durchlässig ist. Wenn die oberen Bodenschichten aufgrund von Verdichtung oder Undurchlässigkeit nur eine geringe Wasserdurchlässigkeit aufweisen, können tiefere Schichten möglicherweise besser Wasser versickern. Im Gegensatz zu einer Versickerungsmulde wird keine große Fläche benötigt, da das Wasser direkt senkrecht nach unten verschwindet. Obwohl der Durchmesser eines Sickerschachts oft nur 1 bis 2 Meter beträgt, kann er aufgrund seiner Tiefe von mehreren Metern einige Kubikmeter Regenwasser aufnehmen. Deshalb wird der Platz sehr effizient genutzt.
Am Zulauf der Schachtversickerung sollte ein Feinfilter oder Laubfang installiert sein, um zu verhindern, dass Blätter und Schmutz in den Schacht gelangen. Wenn der Schacht voll ist, leitet ein Überlauf überschüssiges Wasser kontrolliert ab, beispielsweise in eine Rigole oder in den Kanal.
Ein Sickerschacht benötigt nur wenig Wartung. Sie sollten jedoch regelmäßig das Zulaufrohr und den Filter prüfen und reinigen. Ansammlungen von Schlamm oder Laub im Schacht sollten entfernt werden. Bei halbwegs durchlässigem Boden steht das Wasser nicht besonders lange im Schacht, sondern dringt mithilfe der Schwerkraft in den darunterliegenden Boden ein.
Insgesamt leiten Sickerschächte Regenwasser sehr effizient in die Tiefe, benötigen nur wenig Fläche und kommen mit überschaubarer Wartung aus. Sie sind eine gute Lösung, wenn Sie große Mengen sauberen Regenwassers, etwa von Dächern oder befestigten Flächen, direkt versickern lassen wollen.

# ERDREICH BETANKEN

## — *Regenwasser verlangsamen, verteilen & versickern*

*Die Steine und das Gefälle beeinflussen die Geschwindigkeit des fließenden Wassers.*

# DIE GRUNDLAGEN DER PHYSIK

**Unter dem Begriff Erdreichbetankung versteht man einfache, dezentrale Maßnahmen, um Regenwasser im Boden zu speichern. Ziel ist es, das Wasser nicht sofort abfließen zu lassen, sondern es zu verlangsamen, gleichmäßig zu verteilen und effektiv zu versickern.**

Geschwindigkeit, Eindringtiefe und Wassermenge – diese drei Faktoren bestimmen, wie gut Regenwasser im Garten zurückgehalten und für Pflanzen nutzbar gemacht werden kann. Sie hängen stark von den örtlichen Gegebenheiten wie Hanglage, Bodenart, Versiegelung und Bepflanzung ab. Die konkrete Situation ist auf jedem Gartengrundstück anders. Daher sind für jeden Garten individuelle Lösungen erforderlich. Je besser diese drei Faktoren vor Ort berücksichtigt werden, desto effektiver lässt sich Regenwasser speichern, vor Ort nutzen und lassen sich gleichzeitig Schäden vermeiden. So wird Wasser zur wertvollen Ressource statt zur Gefahr. Der Grundwasserspiegel wird stabilisiert und die lokale Wasserversorgung verbessert.

## GESCHWINDIGKEIT

Die Geschwindigkeit, mit der Wasser abfließt, hängt von mehreren Faktoren ab: der Beschaffenheit des Untergrunds, dem Gefälle des Geländes, der Menge des Niederschlags und vorhandenen Hindernissen. Durch einfache Maßnahmen können Sie den Abfluss verlangsamen und so die Wasserspeicherung verbessern.

### BESCHAFFENHEIT DES UNTERGRUNDS

Was bestimmt die Fließgeschwindigkeit von Wasser? Stellen Sie sich vor, Sie schütten einen Eimer Wasser an verschiedenen Stellen aus. Auf glattem Asphalt bildet sich sofort ein dünner Film, der schnell zum Abfluss fließt. Das Wasser kann nicht versickern und die harte Oberfläche bremst kaum. Wenn Sie die gleiche Menge Wasser auf eine Kiesauffahrt laufen lassen, rollen die Tropfen zunächst über die Steine, versickern dann dazwischen und verlieren dabei deutlich an Geschwindigkeit. Auf dichtem Rasen ist der Unterschied noch deutlicher: Die Halme und der lockere Boden wirken wie ein Schwamm, das Wasser sickert ein, sammelt sich in kleinen Mulden und fließt viel langsamer ab.

### NEIGUNG DES GELÄNDES

Kippt man einen Eimer Wasser auf einem Hügel aus, beschleunigt sich das Wasser sofort hangabwärts. Dabei wirken Schwerkraft und Gefälle zusammen: Je steiler das Gelände, desto mehr Schwung nimmt die Strömung auf. In der Ebene bleibt das Wasser dagegen fast stehen oder kriecht nur langsam vorwärts, weil das Gefälle fehlt.

### REGENINTENSITÄT

Auch die Regenintensität verändert das Bild. Ein sanfter Sommerregen fällt langsam, und der Boden hat Zeit, jeden Tropfen aufzunehmen – es gibt keinen Oberflächenabfluss. Bei einem Wolkenbruch hingegen ist der Boden schnell gesättigt. Das überschüssige Wasser fließt dann oberfläch-

*Rasenwaben können Wasser versickern.*

*Regenwasser – Gefahr oder Ressource?*

lich ab: auf Asphalt in Sekunden, auf einer Wiese etwas langsamer, aber immer noch sichtbar.

### HINDERNISSE

Steine, Laub oder Beetkanten wirken als natürliche Bremsen. Sie stauen das Wasser kurzzeitig, wodurch es langsamer abfließt. Hecken, niedrige Mauern oder bepflanzte Mulden können den Wasserabfluss zusätzlich verzögern.

## EINDRINGTIEFE

Wie tief das Wasser in den Boden eindringt, hängt stark von der Bodenart ab. Sandige Böden lassen Wasser schnell und tief versickern, speichern aber weniger. Lehmige Böden können zwar mehr Wasser halten, aber es dauert lange, bis das Wasser in den Boden eingesickert ist. Daher ist es wichtig, dem Wasser genügend Zeit zum Versickern zu geben.

### VERDICHTETE BÖDEN VERBESSERN

Wenn nach Regenfällen Pfützen im Garten stehen bleiben, kann das auf schwere, verdichtete Böden hinweisen. Solche Böden können kaum Wasser aufnehmen. Ein vollständiger Bodenaustausch wäre aufwendig. Eine einfachere Methode ist das gezielte Lockern des Bodens mit einer Grabegabel. Stechen Sie die Grabegabel in Abständen von 10 bis 20 cm tief in den Boden und bewegen Sie sie vorsichtig vor und zurück, ohne den Boden umzudrehen. So entstehen feine Spalten, durch die Luft und Wasser eindringen können, ohne das Bodenleben zu stören.
Zusätzlich können Sie in die gelockerten Bereiche etwas Sand einarbeiten. Sand verbessert die

*Wichtiges Gartenwerkzeug: Die Grabegabel kann helfen, die Wasseraufnahmefähigkeit Ihres Bodens zu erhöhen.*

## PROBLEMFÄLLE – WAS KANN MAN TUN, WENN ...

**... der Garten am Hang liegt?**
In Hanglagen fließt Regenwasser schneller ab, was die Versickerung erschwert. Abhilfe schaffen quer zum Hang verlaufende Strukturen wie Terrassen, Pflanzstreifen oder Querrinnen, die den Wasserfluss verlangsamen. Auch das Anlegen von Mulden kann helfen, das Wasser länger im Boden zu halten.

**... viele versiegelte Flächen vorhanden sind?**
Versiegelte Flächen wie Wege oder Terrassen verhindern die Versickerung von Regenwasser. Durch das gezielte Ableiten des Wassers in begrünte Mulden oder Versickerungsmulden kann das Wasser gesammelt und langsam in den Boden geleitet werden.

**... viel Wasser in kurzer Zeit anfällt?**
Für Starkregenereignisse ist es sinnvoll, Rückhaltebereiche einzuplanen. Mulden mit Überlaufzonen können das Wasser puffern und verzögert in den Boden leiten. Hier helfen Systeme, welche oberirdische Mulden mit unterirdischen Speicherräumen kombinieren und eine effektive Regenwasserversickerung auch bei großen Wassermengen ermöglichen. Aber auch schon eine muldenartig angelegte Rasenfläche kann sehr viel Wasser speichern.

*„Unser Ziel ist, Wasser langsamer fließen zu lassen, tiefer im Boden zu speichern und mehr davon zu nutzen."*

*Mit kluger Planung wird aus einem kurzen Regenschauer ein wertvoller Wasservorrat.*

Struktur lehmiger Böden, da er grobkörniger ist und die Wasserdurchlässigkeit erhöht. Durch diese sanfte Methode dringt Regenwasser besser in den Boden ein und steht den Pflanzenwurzeln länger zur Verfügung, ohne dass der Boden zu nass oder zu trocken wird. Gleichzeitig wird das Bodenleben gefördert, was die langfristige Fruchtbarkeit des Bodens unterstützt.
Tiefwurzelnde Pflanzen wie Luzerne *(Medicago sativa)* und Ölrettich *(Raphanus sativus* var. *oleiformis)* können ebenfalls helfen, verdichtete Böden zu lockern. Ihre Wurzeln dringen tief in den Boden ein und schaffen Kanäle, die die Durchlüftung und Wasseraufnahme verbessern (siehe S. 120).

## WASSERMENGE

Die Menge an Regenwasser, die bei einem Niederschlagsereignis gesammelt oder gespeichert werden kann, hängt sowohl von der Niederschlagsmenge als auch von der Größe und Beschaffenheit der Fläche ab, auf die der Regen fällt (siehe S. 22).
Die Verlangsamung des Wasserabflusses an der Oberfläche hat zur Folge, dass mehr Wasser die Zeit findet, tiefer in den Boden einzudringen. Dadurch wird auch die Wasserversorgung in tieferen Bodenschichten verbessert. Dieses Wasser kann den großen Pflanzen, insbesondere den Bäumen, noch viele Monate nach dem Eindringen in den Boden zur Verfügung stehen, was vor allem in Trockenperioden für die Pflanzen von Vorteil ist.

### BEISPIEL

Betrachten wir zwei Grundstücke mit einer Fläche von je 500 m². Bei einer Niederschlagsmenge von 1 mm fällt pro 1 m² Grundstücksfläche ein Liter Wasser, also insgesamt 500 Liter Wasser.
**Grundstück A:** Ein großes Haus mit einer großen asphaltierten Einfahrt versiegelt etwa 80 % der Fläche. Von den 500 Litern werden also 400 Liter (80 %) über das Fallrohr des Daches oder die Abwasserrinne der Einfahrt direkt in den Kanal abgeleitet. Nur etwa 100 Liter können auf dem unversiegelten Gartengrundstück versickern. Diese schnelle Ableitung von 400 Litern kann die Entwässerungssysteme belasten und erhöht das Risiko von Überschwemmungen.
**Grundstück B:** Hier ist das Dach begrünt, und es gibt eine Versickerungsmulde zur Regenwasserrückhaltung, wodurch nur etwa 20 % der Fläche versiegelt sind. Die Dachbegrünung kann etwa 40 % des Regenwassers zurückhalten, was 200 Litern entspricht. Weitere 150 Liter versickern langsam in die Mulde und den Boden. Nur etwa 150 Liter fließen verzögert ab. Dieses System entlastet die Kanalisation und stellt den Pflanzen in Trockenzeiten zusätzliches Wasser zur Verfügung.

# WAS MACHEN WIR MIT DEM REGENWASSER?

**Die Methode „Slow it, spread it, sink it" – verlangsamen, verteilen, versickern – ist eng mit dem US-amerikanischen Permakultur-Experten Brad Lancaster verbunden. Er hat diesen Leitsatz in seinen Büchern populär gemacht und in der Praxis angewendet.**

Der Grundgedanke des Regenwassermanagements durch Verlangsamen, Verteilen und Versickern ist allerding keine neue Erfindung. Traditionelle Kulturen in verschiedenen Teilen der Welt haben bereits ähnliche Techniken genutzt.

Das Ziel dieser Zermürbungstaktik ist es, dem Regenwasser von Anfang an den Wind aus den Segeln zu nehmen. Lange bevor das Wasser an irgendeiner Stelle durch Erosion Schaden anrichtet, wird daran gearbeitet, das Gefahrenpotenzial zu entschärfen. Wenn sich in einem tiefer gelegenen Bereich des Grundstücks bereits relativ viel Wasser angesammelt hat und dieses auch noch recht schnell abfließt, ist der Schaden bereits eingetreten.

### FLACHE PFLANZMULDEN IM GARTENBEET

In Gartenbeeten können leicht vertiefte Bereiche angelegt werden, sogenannte Versickerungsmulden. Diese fangen Regenwasser aus der Umgebung auf. In diesen Mulden versickert das Wasser langsam, bewässert die umliegenden Pflanzen und schützt gleichzeitig vor Bodenerosion.

An Stellen, an denen viel Wasser zusammenläuft, zum Beispiel bei Pflasterflächen und Flächen mit starker Bodenverdichtung. Hier versickert das Wasser schneller, weil das Material durchlässig ist.

Vielleicht finden Sie in Ihrem Garten solche Stellen, an denen Erosion auftritt. Selten ist ein Garten völlig eben. Prüfen Sie, von wo nach wo das Wasser fließt. Von oben nach unten wird diese Taktik gegenüber dem Wasser konsequent angewendet. Für eine kleine Erosionsrinne, die sich gebildet hat, reicht oft schon ein kleiner Sickergraben, der zudem schnell angelegt ist.

## WASSER VERLANGSAMEN

Man kann sich leicht vorstellen, welche Kraft „entfesseltes Wasser" hat. Deshalb sollten Sie dafür sorgen, dass sich das Wasser in Ihrem Garten ruhig verhält. Es soll sich gar nicht erst in Bewegung setzen und eine zerstörerische Wirkung entfalten können. Und wenn doch, sollten Sie dafür sorgen, dass die Fließgeschwindigkeit des Wassers wieder verlangsamt wird. Denn schnell fließendes Wasser kann großen Schaden anrichten. Es spült Erde weg, unterspült Wege, überflutet Beete und hinterlässt oft ein Chaos. Je langsamer das Wasser fließt, desto mehr kann versickern und desto weniger Schaden richtet es an. Ziel ist es, das Wasser frühzeitig sanft zu bremsen und zu verteilen.

### HANGGÄRTEN

In einem Garten mit Hanglage können Sie kleine Hügel quer zum Hang anlegen, um den Wasserabfluss zu bremsen. Unterstützen Sie dies, indem Sie entlang der Fließrichtung Stauden oder Bodendecker pflanzen, die den Boden stabilisieren

*Regenwasser im „Zwischenspeicher"*

*Kleine Wasserläufe verteilen Wasser.*

und Wasser speichern. Statt glatter Wege bieten Kiesflächen oder Trittplatten mit Fugen zusätzliche Versickerungsflächen. So lenken und bremsen Sie das Wasser gezielt und fördern eine bessere Durchfeuchtung Ihres Gartens.

## WASSER VERTEILEN

Wo immer es möglich ist, machen wir aus einem großen Rinnsal viele kleine Rinnsale. Je weniger Wasser in jedem einzelnen Rinnsal fließt, desto mehr Wasser gelangt in den Boden. Und jedes einzelne Rinnsal hat weniger Kraft als das große Rinnsal vorher. Von Anfang an überlegen wir, wie wir ein kleines Rinnsal am besten in zwei noch kleinere teilen. Diese Zermürbungstaktik wenden wir dem Wasser gegenüber von Anfang an an. Große Wasserfälle lassen sich mit großen Mauern nicht mehr auffangen. Aber von Anfang an können wir das Wasser systematisch auf möglichst viele Flächen verteilen und damit „den Ball flach halten".

### HANGGÄRTEN

Gerade in Hanglagen oder auf stark geneigten Flächen fließt Regenwasser oft schnell und konzentriert ab und entwickelt dabei eine enorme Kraft. Diese geballte Wassermenge kann Erde abtragen, Pflanzen auswaschen und Wege unterspülen.

Versuchen Sie, dieses Wasser großflächig auf eine oder mehrere Gartenflächen zu verteilen. Ziel ist es, das Wasser bereits frühzeitig, also weit oben am Hang, in viele kleine, unauffällige Rinnsale zu zerteilen. Denn je breiter die Verteilung, desto kleiner die Schäden. Das Wasser von Wegen oder Terrassen kann mit leichtem Gefälle gezielt in seitlich angelegte Versickerungsmulden geleitet werden. Statt es an einer Stelle zu sammeln, verteilen mehrere kleine Mulden den Abfluss entlang des Weges und fördern so die Versickerung. Aus einem großen, sichtbaren Wasserlauf werden viele kleine, fast unsichtbare Wege, auf denen das Wasser friedlich versickert.

## WASSER VERSICKERN

Statt im Garten Schaden anzurichten, etwa durch Bodenerosion, Pfützenbildung oder Überschwemmung von Beeten, sollte Regenwasser möglichst dort versickern, wo es auftrifft. Damit es versickern und vom Boden aufgenommen werden kann und so dem Garten erhalten bleibt, muss es eine gewisse Zeit an einer Stelle stehen bleiben. Nur bei sehr sandigen Böden kann das Wasser direkt versickern.

Die gespeicherte Feuchtigkeit steht den Pflanzen dann in tieferen Bodenschichten zur Verfügung, was besonders in trockenen bzw. niederschlagsarmen Zeiten von großem Vorteil ist. Die Regenwasserversickerung fördert nicht nur die Pflanzengesundheit, sondern trägt auch zur Stabilisierung des Kleinklimas im Garten bei. Der Boden bleibt länger feucht, das Pflanzenwachstum wird gefördert und die Verdunstung aus dem Boden sorgt für eine angenehme Luftfeuchtigkeit. Außerdem hilft die Versickerung, das Grundwasser auf natürliche Weise aufzufüllen.

*Kleiner Bachlauf mit Brücke*

*„Das Lebenselement Wasser bildet in jedem Garten eine Bereicherung."*

*Bäume freuen sich über Regenwasser. Aber die Menge muss stimmen.*

# LERNEN SIE IHREN GARTEN KENNEN

Versuchen Sie, Ihren Garten mit anderen Augen zu sehen. Betrachten Sie Ihren Garten durch die Brille eines Regentropfens. Wo fällt er auf den Boden und was passiert mit ihm?

Wasser folgt dem Gesetz der Schwerkraft. Wo ist der höchste Punkt auf Ihrem Grundstück? Gibt es Stellen im Garten, an denen Erosionsspuren sichtbar sind? Wo bilden sich Pfützen? Wo bleibt es bei Regen lange trocken? Wo fließt das Wasser oberflächlich ab und wo versickert es?
Schauen Sie, von wo nach wo das Wasser auf Ihrem Grundstück fließt. Und fragen Sie sich, warum das so ist. Wenn Sie in Ihrem Garten die Schwerkraft zu Hilfe nehmen, brauchen Sie keine Pumpen, sondern nutzen einfach die ständig vorhandene Energie der Erdanziehung. Und Regenwasser kostet nichts. Es kommt als Geschenk zu uns. Je mehr Wasser Sie in Regenzeiten sammeln, desto mehr Wasser steht Ihnen in Trockenzeiten zur Verfügung. Der Boden in Ihrem Garten kann sehr viel Wasser speichern. Um einiges mehr, als Sie jemals mit viel Geld in Zisternen speichern könnten. Und das zu einem sehr günstigen Preis.

## GEHEN SIE BEI REGEN RAUS

Wenn Sie etwas über das Regenwasser auf Ihrem Grundstück erfahren wollen, sollten Sie sich in

*Hier ist reichlich Platz, um Regenwasser versickern zu lassen.*

**DIE SCHWERKRAFT ZU HILFE NEHMEN**

Wasser fließt bekanntlich von oben nach unten. Wenn Sie also unten auf Ihrem Grundstück Wasser auffangen und damit ein Beet bewässern wollen, das weiter oben liegt, müssen Sie das Wasser mit irgendeiner Vorrichtung wieder nach oben befördern. Und das kostet Energie, ob Sie nun Gießkannen schleppen oder eine Pumpe benutzen, die regelmäßig gewartet werden muss. Wenn Sie das Wasser oberhalb des Beetes auffangen, können Sie die Arbeit der Schwerkraft überlassen – eine viel elegantere Lösung des Problems.

Ihrem Garten aufhalten, während es regnet. Nur dann bekommen Sie genau mit, was passiert. Folgen Sie dem Weg des Wassers. Schauen Sie genau hin, um auch die kleinen Dinge zu sehen. Beobachten Sie die spezifischen Bedingungen Ihres Gartens wie Wasserfluss und -speicherung, bevor Sie Maßnahmen ergreifen, und ziehen Sie die richtigen Rückschlüsse. Versuchen Sie, sich gedanklich in den Weg des Wassers hineinzuversetzen. Gehen Sie auf den höchsten Punkt Ihres Grundstücks und beobachten Sie, wie das Wasser von dort seinen Lauf nimmt. Ganz oben auf Ihrem Grundstück können Sie sehen, welchen Weg das Wasser von dort nimmt. Dort, wo das Wasser seinen Fluss startet, ist es eher noch wenig. Es fließt vermutlich auch noch langsam. Sie können es mit einigen einfachen Maßnahmen – zum Beispiel einem kleinen Sickergraben – dazu bringen, im Boden zu versickern. Vielleicht stellen Sie auch fest, dass schon ganz oben auf Ihrem Grundstück viel Wasser von einem höher gelegenen Nachbargrundstück auf Ihr Grundstück fließt. Je früher Sie das Wasser für eine Weile aufhalten, indem Sie den Abfluss verlangsamen, desto besser. Vom höchsten Punkt des Grundstücks aus nach unten zu arbeiten, hat noch einen weiteren Vorteil: Sie haben die Schwerkraft auf Ihrer Seite.

Gibt es nach einem Regenschauer Spuren von Erosion? Gibt es Ausspülungen oder abgetragenen Boden? Ist mit Auswirkungen auf Nachbargrundstücke zu rechnen: Gibt es wegen der Nähe des Nachbarhauses etwas zu beachten?

## DER GARTEN IN TROCKENPHASEN

Auch bei Trockenheit ist es sinnvoll, den Garten genau zu beobachten. Gibt es vielleicht Stellen, an denen die Pflanzen noch saftig grün aussehen, während fast überall in Ihrem Garten alles braun und vertrocknet ist? Woran könnte das liegen? Sammelt sich hier vielleicht Wasser von einem Hang nebenan? Oder ist der Boden anders? Was für einen Boden haben Sie überhaupt? Eher sandig oder lehmig?

# VON DER THEORIE ZUR PRAXIS

Wenn Sie Ihren Garten und seine Flächen genau betrachtet haben, Bodenbeschaffenheit, Gefälle und Wasserwege kennengelernt haben, kann es losgehen mit den ersten praktischen Schritten.

Es ist weder notwendig noch sinnvoll, gleich große Erdarbeiten oder teure Anlagen zu planen. Gerade am Anfang helfen kleine, durchdachte Maßnahmen, um ein Gefühl für die Dynamik des Wassers auf dem eigenen Grundstück zu bekommen. Tasten Sie sich heran.

## FANGEN SIE KLEIN AN

Arbeiten Sie mit den Gegebenheiten Ihres Gartens, nicht gegen sie. Es lohnt sich, natürliche Fließrichtungen zu erkennen und zu nutzen, statt sie mühsam umzuleiten. Das spart nicht nur

*Eine Versickerungsfläche kann eine große Rasenfläche unterteilen und damit das Gelände gestalten.*

Arbeit und Baumaterial, sondern senkt langfristig auch die Pflegekosten. Nutzen Sie, was bereits vorhanden ist. Vielleicht gibt es im Garten eine natürliche Mulde, die sich bei Regen ohnehin mit Wasser füllt – diese Stelle könnte für das Anlegen einer Versickerungsmulde ideal geeignet sein. Auch ein Fallrohr, welches bisher ungenutzt in den Kanal mündet, kann mit wenigen Handgriffen so umgeleitet werden, dass das Wasser gezielt in ein bepflanztes Kiesbeet oder eine kleine Mulde gelangt. Diese ersten einfachen Schritte erfordern oft nur Schaufel, Spaten und Beobachtungsgabe, kein großes Budget.
Achten Sie darauf, keine überdimensionierten Bauwerke zu errichten. Große technische Lösungen sind oft teuer, wartungsintensiv und passen nicht in jede Gartenumgebung. Ein einfacher Kiesgraben oder eine bepflanzte Versickerungsmulde können bereits viel bewirken, wenn sie sinnvoll platziert und in das Gelände integriert werden. Denken Sie schon bei der Planung daran, wie pflegeleicht Ihre Lösung ist: Muss die Mulde regelmäßig von Laub befreit werden? Kann die Fläche bei Bedarf leicht verändert oder erweitert werden? Je pflegeleichter, desto nachhaltiger die Lösung.
Regenwassernutzung ist kein einmaliges Projekt, sondern ein Prozess. Beginnen Sie mit einer kleinen Fläche und beobachten Sie, wie das Wasser reagiert – wo es fließt, wo es steht, wo es gut versickert. So entsteht nach und nach ein funktionierendes, naturnahes Wassermanagementsystem – angepasst an Ihren Garten, seine Bedürfnisse und das Klima vor Ort. Und das Beste: Mit jedem Schritt wird Ihr Garten nicht nur widerstandsfähiger gegen Trockenheit und Starkregen, sondern auch lebendiger und ökologisch wertvoller. Die positiven Effekte, die Sie mit kleinen Maßnahmen auf dem Grundstück erzielen können, werden oft unterschätzt. Schon kleine Eingriffe können große Wirkungen haben.

*Kiesmulde, um Wasser zu versickern*

*Fließendes und stehendes Wasser sind wichtige gartengestalterische Elemente.*

## KLEINER EINGRIFF – GROSSE VERBESSERUNG

Beginnen Sie also mit kleinen Maßnahmen, die kein oder nur wenig Geld kosten. Ein bisschen Erde von links nach rechts, das ist alles, was Sie zunächst tun müssen, um zum Beispiel einen Höhenlinien-Graben anzulegen (siehe S. 58). Sie nehmen an einer Stelle etwas Erde weg und schütten sie nebenan wieder auf. Mit der abgetragenen Erde baut man einen kleinen Wall entlang der Höhenlinie, also einen kleinen länglichen Erdhügel.

## WASSER HANGAUFWÄRTS ABLEITEN

Regenwasser, das auf einen Hang fällt, fließt natürlicherweise den Hang hinunter – und damit direkt auf die darunterliegende Bebauung zu. Gelangt dieses Wasser ungehindert an die Hauswand, kann es dort großen Schaden anrichten: Feuchtigkeit im Mauerwerk, nasse Keller, Schimmelbildung und langfristige Schäden an der Bausubstanz sind mögliche Folgen.
Wer nach starken Regenfällen immer wieder mit Feuchtigkeit an der Hauswand zu tun hat, greift oft zu teuren Maßnahmen. Häufig wird dann die Kellerwand aufgegraben, um sie abzudichten. Dabei wird der vorhandene Garten stark in Mitleidenschaft gezogen. Durch den Aushub und die Lagerung des Erdreichs muss der Garten anschließend oft komplett neu angelegt werden.
Es macht wenig Sinn, viel Zeit und Geld in eine aufwendige Abdichtung zu investieren, wenn die Ursache bereits durch einfache Maßnahmen weiter oben am Hang behoben werden kann. Statt die Feuchtigkeit erst an der Hauswand zu bekämpfen, sollte man prüfen, woher das Wasser kommt und es schon oberhalb des Gebäudes gezielt ableiten oder zurückzuhalten – so bleibt es dort, wo es entsteht, und erreicht das Gebäude erst gar nicht. Je weiter vom Haus entfernt das Wasser gesammelt oder abgeleitet wird, desto weniger Wasser gelangt überhaupt in die Nähe sensibler Gebäudeteile und desto geringer ist das Risiko von Schäden.
Ein weiterer Vorteil: Oberhalb des Hauses lassen sich einfache und kostengünstige Maßnahmen umsetzen, zum Beispiel Mulden, flache Gräben, Ablaufrinnen oder kleine Geländeveränderungen. Diese verhindern wirkungsvoll, dass das Wasser in Richtung Haus fließt. Solche Lösungen sind oft deutlich kostengünstiger und langlebiger als technische Abdichtungen am Gebäude selbst.
Kurz gesagt: Wer das Wasser rechtzeitig umleitet, muss es später nicht aufwendig bekämpfen. Das spart Geld, schützt das Haus und erhöht langfristig Sicherheit und Wohnqualität.

*Naturnaher Bachlauf*

## ÜBERLAUF PLANEN

Planen Sie immer auch, was passiert, wenn Wasser überläuft. Wenn Sie in Ihrem Garten Strukturen wie Mulden, Kiesgräben oder andere Anlagen zur Regenwassernutzung anlegen, denken Sie nicht nur an den normalen Betrieb. Denken Sie auch daran, was passiert, wenn bei starkem Regen mehr Wasser eintritt, als die Anlage aufnehmen oder versickern kann.
Dieses überschüssige Wasser ist kein Abfall, sondern eine wertvolle Ressource. Leiten Sie das Wasser daher in weitere Mulden, Gräben und Rasenflächen wenn es möglich ist. Wenn Ihnen das (derzeit noch) nicht möglich ist, sollte das Wasser in einen öffentlichen Abwasserkanal. Planen Sie den Überlauf von Anfang an mit ein, damit Ihr Garten auch bei Starkregen geschützt ist und das Wasser sinnvoll genutzt wird.

### ÜBERLAUF IN EINE ZWEITE MULDE

Eine Versickerungsmulde kann bei Starkregen überlaufen. Leiten Sie den Überlauf gezielt in eine tiefer gelegene zweite Mulde, in der besonders robuste und feuchtigkeitsliebende Pflanzen wachsen. Hier eignen sich zum Beispiel Blutweiderich, Mädesüß oder Beinwell, die mit zeitweiliger Staunässe gut zurechtkommen und gleichzeitig Insekten und Bienen anlocken.

*Wenn Sie einen Plan oder eine Übersicht des Geländes haben, sehen Sie besser, wie alles zusammenhängt. Denken Sie über jede Maßnahme nach, bevor Sie sie durchführen. Was würde sich auf dem Gelände ändern? Was würde sich verbessern? Was würde sich verschlechtern?*

## PLANSKIZZEN: BESTAND UND VERBESSERUNG

Haben Sie einen Freiflächenplan Ihres Grundstücks, d. h. einen Plan, auf dem Ihr Haus und das gesamte Grundstück eingezeichnet sind? Schauen Sie, ob eine Kataster-Darstellung (ALKIS/Flurkarte) beim dem für Sie zuständigen Landes-Geoportal beziehen können. Tragen Sie hier ein, wo Sie welche Maßnahmen durchführen wollen. Vielleicht ist aber auch ein Luftbild Ihres Grundstücks eine gute Grundlage, auf der Sie einzelne geplante Maßnahmen verorten können. Wenn Ihnen zum Beispiel aufgefallen ist, dass an einer Stelle Erosionsspuren zu sehen sind, dann tragen Sie das in Ihren Plan ein. Dann überlegen Sie, was Sie dagegen tun können. Sie haben viele kleine Stellschrauben, an denen sich drehen lässt.

*„Nehmen Sie dem Regenwasser den Wind aus den Segeln!“*

# GARTENGESTALTUNG

## — *Höhenlinien-Design*

*Höhenlinien: Je enger die Linien nebeneinanderliegen, desto stärker ist der Hang geneigt.*

# ANGABE DER HANGNEIGUNG

**Wenn Sie Ihren Garten umgestalten wollen und Erdreichbetankungs-arbeiten planen, spielt das Höhenlinien-Design eine maßgebliche Rolle. Dafür ist es wichtig, zu wissen, wie stark die einzelnen Abschnitte Ihres Gartens geneigt sind.**

Höhenlinien-Design ist eine Methode, die sich die natürlichen Höhenlinien eines Geländes zunutze macht, um Wasser effizient zu lenken, zu speichern und die Bodenfruchtbarkeit zu verbessern. Statt das Wasser unkontrolliert abfließen zu lassen, wird es durch gezielte Erdarbeiten wie Gräben, Mulden oder Terrassen entlang dieser Linien geleitet. Dadurch kann Regenwasser besser versickern, Erosion wird reduziert und die Feuchtigkeit im Boden erhöht.

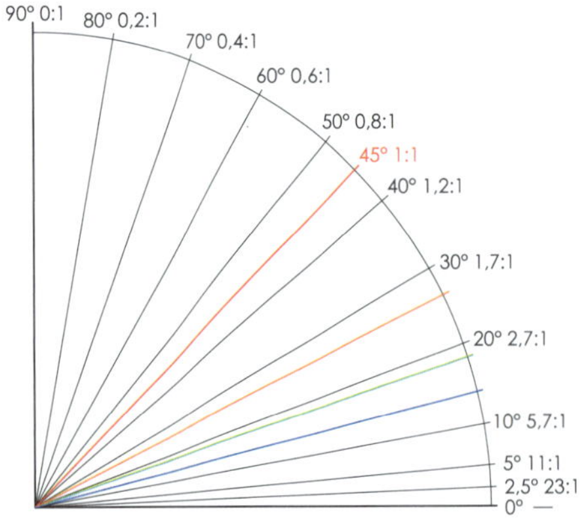


*Grad-Angaben: Viertelkreis = 90° bilden einen rechten Winkel.*

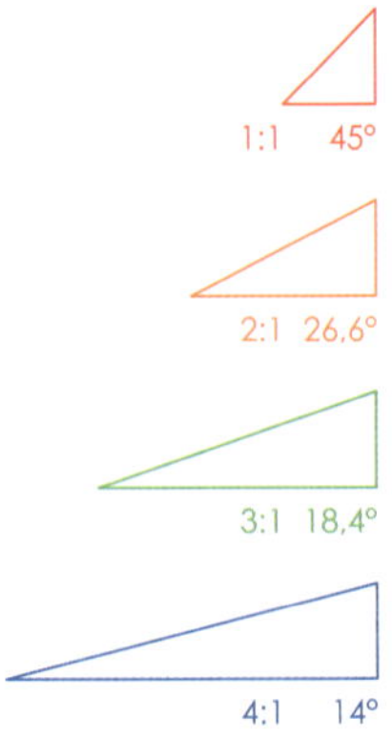


*Proportionales Verhältnis: erster Wert = Länge, zweiter Wert = Höhe*

Ein großer Vorteil des Höhenlinien-Designs, wie es in diesem Buch vorgestellt wird, ist die Technikfreiheit: Es sind keine Pumpen, keine Energiezufuhr und keine aufwendige Infrastruktur nötig.
Ich kann zwei Methoden empfehlen, um die Hangneigung anzugeben. Beide zeigen, wie steil oder flach ein Gelände ist, aber auf unterschiedliche Weise. Welche Methode Sie verwenden, ist Geschmackssache. Wichtig ist, dass Sie die Methode wählen, die Sie gut verstehen und mit der Sie gut arbeiten können. So planen Sie Ihren Garten sicher und erfolgreich.

*Bei einem Garten am Hang funktioniert einiges anders als bei einem Garten in der Ebene.*

## PROPORTIONALES VERHÄLTNIS

Bei der Ermittlung des proportionalen Verhältnisses von Länge zu Höhe wird betrachtet, wie viele Meter der Hang waagrecht verläuft, während er gleichzeitig in der Höhe ansteigt.
**Beispiel 4:1:** Auf 4 Meter Länge kommt 1 Meter Höhe, d. h., wenn man 4 Meter geradeaus läuft, steigt der Hang dabei um 1 Meter an.
Je größer der erste Wert (also die Länge), desto flacher ist der Hang. Ein Verhältnis von 10:1 ist also viel sanfter als ein Verhältnis von 2:1, bei dem der Hang viel steiler ansteigt. Diese Methode ist sehr anschaulich ist: Es kann hilfreich sein, sich die Angaben zu Proportionen und Grad-Angaben (siehe S. 48) zu kopieren, um Sie für die eigene Planung zu nutzen.
**Wichtig** ist, dass man die Bedeutung der beiden Zahlen nicht verwechselt. In diesem Buch steht der erste Wert immer für die horizontale Länge, also wie weit man „geradeaus" geht. Der zweite Wert steht für die Höhe, also wie viel der Hang auf dieser Strecke ansteigt.

### WICHTIGER HINWEIS

Alle Angaben zu Größen, Neigungen oder Maßen in diesem Buch sind grobe Richtwerte. Die konkrete Umsetzbarkeit hängt immer von den individuellen Gegebenheiten Ihres Gartens ab – insbesondere vom anstehenden Boden. Ob und wie Wasser versickert, wie steil ein Hang noch sicher bearbeitet werden kann oder welche Maßnahmen sinnvoll sind, kann von Grundstück zu Grundstück stark variieren. Vor allem die Bodenbeschaffenheit (z. B. Sand, Lehm, Ton, Fels) hat entscheidenden Einfluss auf die Planung. Während sandiger Boden Wasser gut versickern lässt, ist bei tonigen Böden oft besondere Vorsicht oder zusätzliche Drainage nötig. Deshalb sind allgemeinverbindliche Empfehlungen zur maximalen Hangneigung, zur Tiefe von Gräben oder zur Größe von Versickerungsmulden nicht möglich. Wenn Sie unsicher sind, lassen Sie sich von einer fachkundigen Person beraten.

## GRAD-ANGABEN

Dabei misst man den Winkel, den der Hang zur waagerechten Fläche (also zur Horizontalen) bildet – ähnlich wie mit einem Geodreieck. Ein Gelände mit 0 Grad (0°) ist komplett flach. Es liegt also genau in der Waagerechten. Ein Hang mit 45° ist dagegen schon recht steil. Hier ist der Höhenunterschied genauso groß wie die zurückgelegte Strecke. Bei 90° spricht man von einer senkrechten Wand – wie sie beispielsweise in einer Klippe zu finden ist.
Alle natürlichen Hänge und Böschungen bewegen sich zwischen diesen beiden Extremen. Ein leichter Hang im Garten liegt beispielsweise oft zwischen 10° und 20°.
**Beispiel:** Wenn ein Hang auf einer Länge von 4 Metern um 1 Meter ansteigt, ergibt das einen Winkel von etwa 14°. Je höher die Gradzahl, desto steiler der Hang und je näher er an 0° ist, desto flacher ist er.

# HANGNEIGUNG ERMITTELN MIT DER SCHLAUCHWAAGE

**Um das Höhenlinien-Design erfolgreich anwenden zu können, müssen Sie das Geländeniveau sehr genau ermitteln. Selbst kleine Abweichungen vom waagerechten Verlauf können dazu führen, dass Wasser an unerwünschten Stellen stehen bleibt oder unkontrolliert abfließt.**

Für diese präzise Arbeit verwendet man eine Schlauchwaage, ein einfaches, aber sehr genaues Messinstrument. Sie ermöglicht es, Höhenlinien genau zu bestimmen. Außerdem können damit Höhenunterschiede auch über längere Distanzen hinweg zuverlässig ermittelt werden. Die Schlauchwaage hilft Ihnen, die Ideen des Höhenlinien-Designs erfolgreich anzuwenden.

## WAS IST EINE SCHLAUCHWAAGE?

Mit ihrer Hilfe können Sie eine Höhenlinie, also eine waagerechte Linie im Gelände, ermitteln. Sie können damit aber auch Höhenunterschiede zwischen zwei Punkten bestimmen und das Gefälle Ihres Gartens messen. Sie funktioniert nach dem Prinzip der kommunizierenden Röhren. Es besagt, dass sich in miteinander verbundenen Gefäßen (Röhren), die mit derselben Flüssigkeit gefüllt sind, der Flüssigkeitsstand in allen Gefäßen auf derselben Höhe einstellt. Das Wasser im Schlauch stellt sich an beiden Enden immer auf die gleiche Höhe ein, da sich der Wasserspiegel ausgleicht. Stillstehendes Wasser ist über seine gesamte Oberfläche hinweg waagerecht, wie man es auch an einem ruhigen See beobachten kann.

### MATERIAL & WERKZEUG

- 2 Holzlatten aus gehobeltem Rahmenholz (Fichte/Tanne): 34 mm x 54 mm x 2,0 m
- Schlauchwasserwaage (dünnwandiger, durchsichtiger Kunststoffschlauch): Länge 20 m, Durchmesser 1 cm, mit Verschlussstopfen
- Trichter zum Eingießen des Wassers in den Schlauch, falls dieser nicht mit der Schlauchwasserwaage mitgeliefert wird
- Bohrmaschine oder Akkuschrauber mit Holzbohrer, Durchmesser 3–5 mm
- Draht oder Schnur zur Befestigung des Schlauchs an den Holzlatten
- 2 Stahlmaßbänder, Länge 2 m, selbstklebend oder 2 Meterstäbe aus Holz oder Kunststoff
- Kleber, um die Meterstäbe an den Holzlatten festzukleben
- etwas Wasser und ca. 30 ml dunkle Lebensmittelfarbe

## SCHLAUCHWAAGE BAUEN – ANLEITUNG

**Befestigen Sie die Enden des Kunststoffschlauchs an den Holzlatten.** Rollen Sie den Schlauch aus und prüfen Sie ihn auf eventuelle Knicke. Bohren Sie in die Holzlatten im Abstand von 20 bis 30 cm ein paar kleine Löcher (Durchmesser 3 bis 5 mm). Befestigen Sie die Enden der Kunststoffschläuche an den Holzlatten, indem Sie einen Draht oder eine Schnur durch die kleinen Löcher schieben und damit den Schlauch fixieren. Ziehen Sie die Bindung so fest, dass der Schlauch in Position bleibt, aber nicht so fest, dass er stark eingeklemmt wird. Ziehen Sie den Schlauch gerade nach unten an den Holzlatten

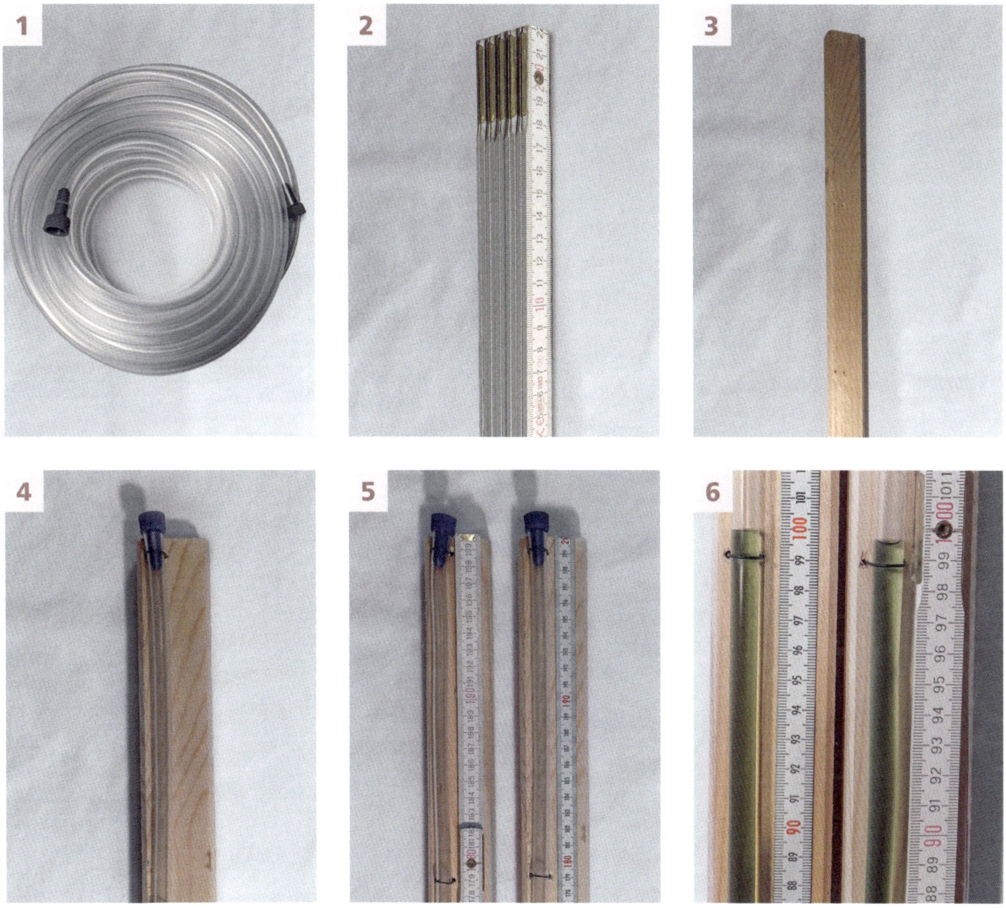


*Für die Schlauchwaage werden ein dünner Kunststoffschlauch mit Stopfen (1) und zwei Zollstöcke (2), alternativ zwei Stahlmaßbänder, auf zwei gehobelten Holzlatten mit Bohrlöchern (3) befestigt (4). Zollstock vs. Maßband (5). Bei Anwendung auf gleicher Höhe zeigt die Schlauchwaage in beiden Schläuchen den gleichen Wert an (6).*

entlang und befestigen Sie ihn alle 20 bis 30 cm auf dieselbe Weise. Achten Sie darauf, dass sich die beiden Schlauchenden am oberen Ende der Holzlatten befinden. Am unteren Ende der Latten müssen Sie den Schlauch nicht bis ganz nach unten befestigen. Beispielsweise könnte die letzte Befestigung 20 cm oberhalb des unteren Endes erfolgen.

**Befestigen Sie an jeder Latte jeweils ein Maßband oder einen Meterstab.** Entweder Sie haben zwei günstige Meterstäbe oder die etwas teureren Stahlmaßbänder zur Verfügung. Befestigen Sie die Maßbänder nun auf den Holzlatten. Das Stahlmaßband ist selbstklebend und kann auf die Holzlatte aufgeklebt werden. Den Meterstab können Sie mit Kleber an der Holzlatte befestigen. Beginnen Sie mit der „Null“ der Maßkette unten, direkt am Anfang der Holzlatte. Je weiter oben auf der Latte Sie also einen Wert abmessen, desto größer ist dieser. Achten Sie darauf, dass sich die

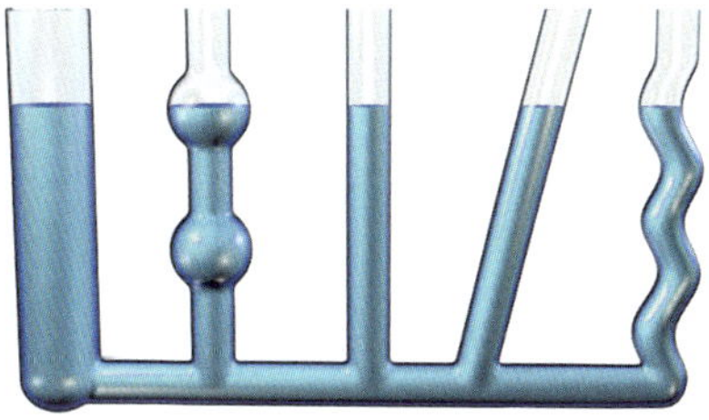

*Prinzip der kommunizierenden Röhren*

*Waagerechte Höhenlinie ermitteln*

**MATERIAL & WERKZEUG**

- Schlauchwaage
- Markierspray (Kreidespray nur für kurzfristige Markierungen)
- Holzpflöcke, Länge = 20–30 cm, Durchmesser = 6–8 cm, pro Meter 0,5–1 Stck.
- Markierungsband, z. B. Flatterband
- Maßband oder Meterstab
- Vorschlaghammer oder großer Fäustel
- Schaufel
- Spitzhacke
- Wiedehopf-Hacke

Maßbänder auf den Latten auf derselben Höhe befinden. Sonst bekommen Sie falsche Messergebnisse.

**Füllen Sie den Schlauch mit Wasser.** Stellen Sie beide Latten aufrecht auf eine ebene Fläche. Füllen Sie 600 ml Wasser ab. Um den Wasserpegel besser sehen zu können, geben Sie ca. 30 ml dunkle Lebensmittelfarbe ins Wasser. Befestigen Sie den Einfüllstutzen an einem der beiden Schlauchenden und gießen Sie vorsichtig die Flüssigkeit hinein. Der Schlauch wird so weit mit Wasser gefüllt, dass der Wasserspiegel in etwa auf halber Höhe der senkrecht gehaltenen Latte, also auf der Höhe von „1 m" auf dem Maßband, steht. Wenn Sie es ganz genau machen wollen, nimmt das etwas Zeit in Anspruch: Dosieren Sie die letzten Wassertropfen mit einer Spritze oder einem Teelöffel. Wenn Sie lediglich höhengleiche Punkte finden möchten, können Sie auch jede beliebige Wassermenge einfüllen und die Wasserstandshöhen mit einem Klebestreifen markieren.

Luftblasen, die im Schlauch zurückbleiben, beeinträchtigen eine genaue Messung. Entfernen Sie diese daher aus dem Schlauch und füllen Sie bei Bedarf weiteres Wasser ein, bis der gewünschte Wasserstand erreicht ist. Wenn die Latten nebeneinander auf ebenem Boden stehen, wird der Wasserstand in beiden Schlauchenden gleich hoch sein und auf beiden Latten denselben Messwert anzeigen.

Wenn Sie eine der Latten anheben, während die andere am Boden bleibt, bleibt die Wasseroberfläche gerade. Die Messwerte auf den Latten unterscheiden sich jedoch und zeigen damit den Höhenunterschied zwischen den unteren Enden der Latten an. Zur Bedienung einer Schlauchwaage werden zwei Personen benötigt, von denen jede eine der beiden Schlauchwaagen-Latten hält.

**Prüfen Sie die Funktionsfähigkeit Ihrer Schlauchwaage.** Sobald alle Luftblasen entfernt

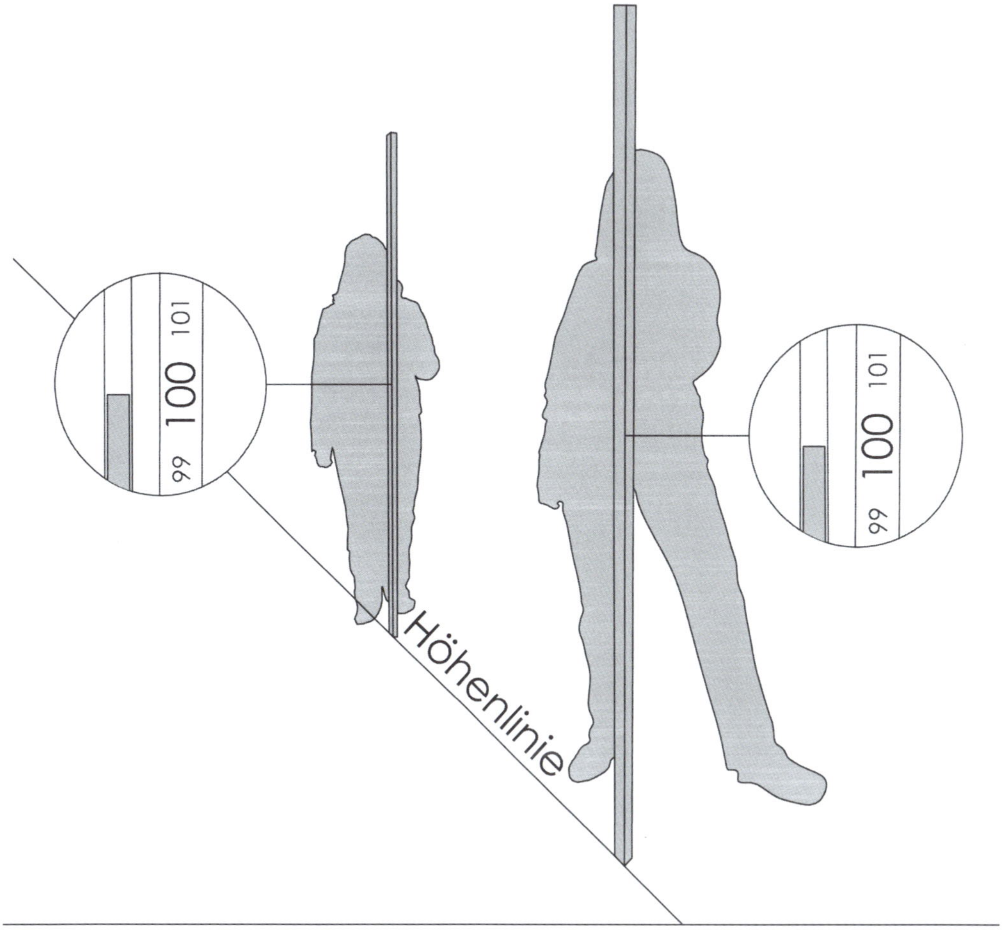


*Die Latten stehen auf derselben Höhe, wenn Sie denselben Wert anzeigen.*

sind, halten Sie die Latten nebeneinander auf ebenem Boden aufrecht. Prüfen Sie, ob der Wasserspiegel auf halber Höhe der Latten bei „1 m" steht. Lassen Sie gegebenenfalls Wasser ab oder füllen Sie Wasser nach, bis der Wasserspiegel die richtige Höhe erreicht hat. Das Wasser sollte sich frei auf und ab bewegen können, wenn Sie die Latten bewegen. Falls nicht, überprüfen Sie den Schlauch auf Knicke, beseitigen diese und stellen sicher, dass sich das Wasser nun korrekt bewegt. Überprüfen Sie, ob der Wasserstand in beiden Schlauchenden auf gleicher Höhe ist und ob in dieser Position derselbe Messwert auf beiden Latten abgelesen wird. Wenn die Messwerte nicht übereinstimmen, überprüfen Sie nochmals auf Luftblasen oder Knicke. Prüfen Sie außerdem, ob die Maßbänder an den Holzlatten richtig angebracht wurden.

Nun ist Ihre Schlauchwaage einsatzbereit. Beim Herumtragen sollten Sie die Schlauchenden mit

*Wenn die Latten genau auf derselben Höhe stehen, zeigen Sie beide 100 cm an.*

Korken, damit kein Wasser ausläuft. Vergessen Sie nicht, die Korken zu entfernen, bevor Sie eine Messung durchführen. Bei längeren Einsätzen empfiehlt es sich, die Latten gelegentlich wieder nebeneinander auf ebenen Boden zu stellen und zu prüfen, ob neue Luftblasen oder Knicke aufgetreten sind.

*Höhenunterschied ermitteln*

*Tipp*

**RASENNARBE RECYCELN**

Nach Abschluss einer Bodenmodellierung haben Sie zwei Möglichkeiten zur Begrünung: Entweder Sie verwenden geeignetes Saatgut oder Sie legen die zuvor entfernte Rasennarbe wieder auf die geformte Fläche auf und drücken sie leicht an. So entsteht eine sofortige, schützende Vegetationsdecke, die Erosion verhindert, die Bodenstruktur stabilisiert und durch Anwachsen wieder in das bestehende Grün übergeht.

## SCHLAUCHWAAGE BENUTZEN

Mit der Schlauchwaage können Sie eine waagerechte Linie (Höhenlinie) markieren (Fotos siehe S. 52/53) und Höhenunterschiede zwischen einzelnen Punkten ermitteln.
Eine Höhenlinie ist eine gedachte Linie auf einer Landkarte oder im Gelände, bei der jeder Punkt die gleiche Höhe über dem Meeresspiegel hat, d. h., auf derselben Höhe liegt. Stellen Sie sich vor, Sie malen eine Linie um einen Hügel, die immer auf der gleichen Höhe verläuft. Wenn Sie beim Wandern genau dieser Linie folgen, gehen Sie weder bergauf noch bergab. Sie bleiben immer auf derselben Höhe.

### EINE WAAGERECHTE LINIE MARKIEREN

Um den Verlauf eines absolut waagerechten Grabens festzulegen, stellen Sie sich an den Punkt, an dem Sie mit dem Graben beginnen möchten. Schlagen Sie an dieser Stelle einen kleinen Holzpflock in den Boden, bis er fast ganz verschwindet, um den Startpunkt festzulegen. Die Oberkante dieses Holzpflocks dient Ihnen nun als Ausgangshöhe. Person A stellt die eine Schlauchwaagen-Latte auf den Startpunkt, also den kleinen Holzpflock. Person B sucht mit der anderen Schlauchwaagen-Latte in einem Abstand von ca. 1 bis 3 m vom Startpunkt aus einen Punkt gleicher Höhe.
Wie groß dieser Abstand ist, hängt vom Geländeverlauf ab. Bei einem ungleichmäßigen und stark geneigten Geländeverlauf ist ein Abstand von 1 m sinnvoll. Je gleichmäßiger der Geländeverlauf ist, desto weniger Messpunkte werden benötigt.
Um den Geländepunkt in einem Abstand von 1 bis 3 m auf derselben Höhenlinie zu finden, muss man häufig ein bisschen herumprobieren. Der neue Geländepunkt liegt auf der richtigen Höhe, wenn beide Schlauchwaagen den gleichen Wert anzeigen. Haben beide Schlauchwaagen

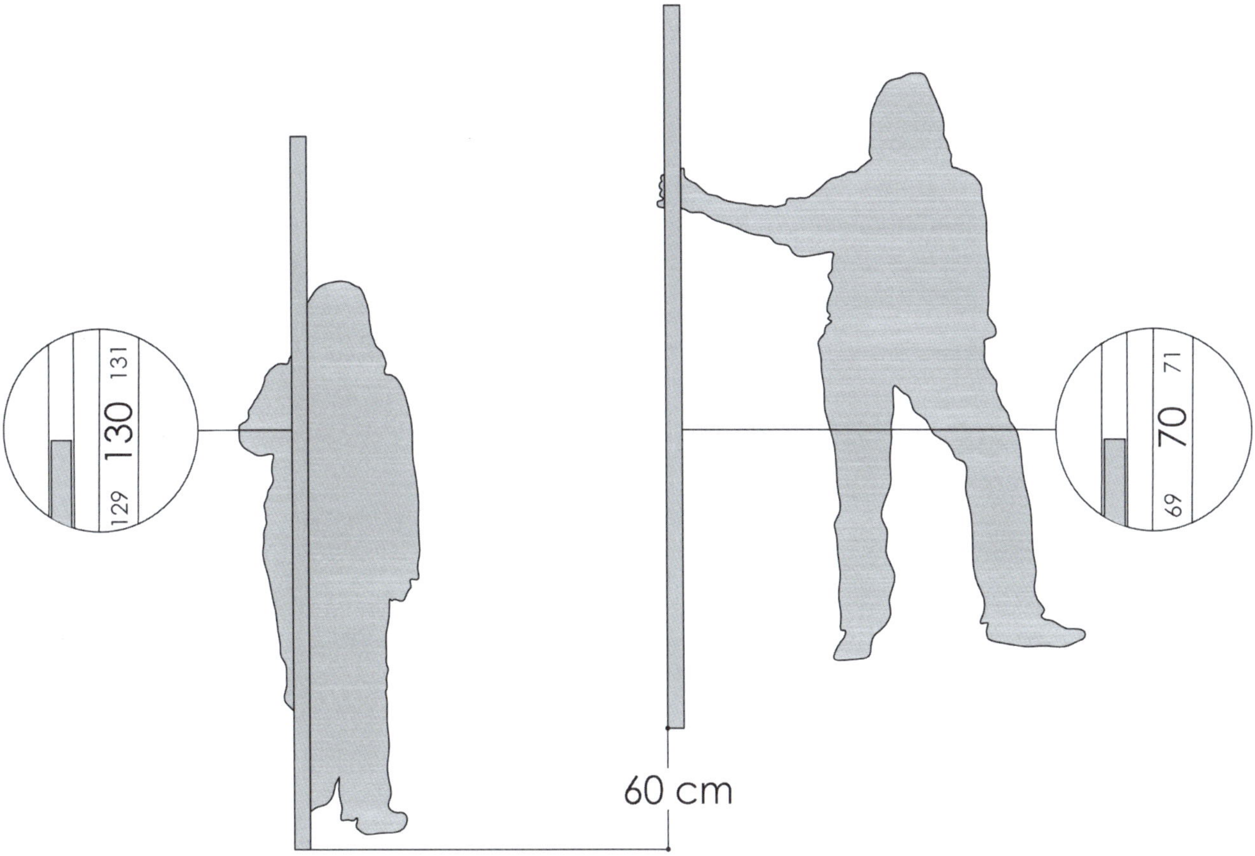


*Der Höhenunterschied beträgt 60 cm. Auf jeder Latte beträgt der Unterschied bis zur Lattenmitte 30 cm.*

beim Befüllen genau „1 m“ angezeigt, muss Person B so lange suchen, bis bei beiden Schlauchwaagen „1 m“ angezeigt wird. Zeigt die zweite Schlauchwaage noch nicht „1 m", muss die Schlauchwaage entweder hangaufwärts oder hangabwärts bewegt werden, bis der Wert von „1 m“ angezeigt wird.

Schlagen Sie am nächsten Messpunkt ebenfalls einen Pflock bis fast ganz in den Boden. Person B arbeitet sich nun schrittweise am Hang entlang bis zum Ende der geplanten Höhenlinie. Das Spannen einer Schnur zwischen den Pflöcken hilft, die Konturen sichtbar zu machen. Wenn Sie die Punkte verbinden, haben Sie eine Höhenlinie markiert.

## HÖHENUNTERSCHIED ERMITTELN

Wenn wir wissen wollen, wie groß der Höhenunterschied zwischen zwei Punkten ist, können wir ihn auch mit unserer Schlauchwaage ermitteln. Wie zuvor sollten Sie als Erstes den Startpunkt festlegen. Diesmal benötigen Sie aber keine Pflöcke. Person A stellt eine Schlauchwaagen-Latte auf den Ausgangspunkt. Person B begibt sich zum zweiten Punkt und stellt die andere Schlauchwaagen-Latte auf diesen Punkt. Nun können Sie den Höhenunterschied ermitteln.

Beträgt der Höhenunterschied zwischen dem Ausgangspunkt und dem zweiten Punkt beispielsweise 60 cm, so wäre auf einer Schlauchwaagen-Latte ein Wert von 70 cm und auf der anderen ein Wert von 130 cm abzulesen. 130 cm – 70 cm = 60 cm. Wenn Sie mehrere Punkte einmessen möchten, sollten Sie darauf achten, dass Sie immer vom selben Referenzpunkt (Startpunkt) aus messen. Fachleute verwenden in der Regel einen Laser-Nivellierer oder ein optisches Nivelliergerät, um Gefälle und Höhenunterschiede zu bestimmen. Diese Werkzeuge sind gut, aber teuer. Im Baumaschinenverleih sind Rotationslaser aber auch zu mieten.

*01*

# GUT ZU WISSEN — *Werkzeuge & Hilfsmittel*

Hochwertiges Werkzeug hat seinen Preis. Investieren Sie lieber etwas mehr Geld, damit Sie lange Freude daran haben.

Neben Schubkarre, Schaufel, Spaten, Rechen, Gummihammer, Wiedehopf- und Spitzhacke können folgende Hilfsmittel hilfreich sein:
Eine **Grabegabel** ist sehr gut geeignet, um den Boden durchlässiger zu machen (siehe S.120/121). Ein **Handstampfer** hilft beim notwendigen Verdichten von Erde oder Schotter, wenn kein motorbetriebenes Verdichtungsgerät (z. B. eine Rüttelplatte) zur Verfügung steht. Das Fundament einer Trockenmauer ist ohne verdichtete Schottertragschicht oder große Fundamentsteine nicht tragfähig (siehe auch S. 90). Zum Verteilen und Einebnen kleiner Mengen Schotter oder Splitt dient eine **Kelle.** Damit können auch Stauden und andere kleine Pflanzen eingepflanzt werden.
Eine **Maurerschnur** ist zum Abstecken gerader Fluchten und zur Markierung von Höhen geeignet. Zum präzisen Prüfen von Ebenheit, Lot und Gefälle auf kurzen Entfernungen (max. 2 m) hilft eine **Wasserwaage.** Für größere Abstände können Sie die Ebenheit mit der **Setzlatte** oder der **Schlauchwaage** (siehe S. 50) prüfen. Eine Setzlatte mit langem Richtscheit zum Ausrichten von Steinen ist mit und ohne Libelle (Sichtfenster mit Flüssigkeit und Luftblase) erhältlich. Nehmen Sie besser eine mit Libelle!
Gutes Werkzeug sollte regelmäßig gewartet werden. Entfernen Sie nach jedem Gebrauch groben Schmutz. Metallteile können Sie gelegentlich dünn einölen, um Sie vor Rost zu schützen. Lagern Sie Ihr Werkzeug trocken und gut belüftet.

02

03

04

*01 Ein Gummihammer eignet sich zum schonenden Ausrichten und Einklopfen von Steinen, beispielsweise beim Ein-Stein-Damm oder beim Schotterbach. Er überträgt Schläge, ohne die Oberfläche zu beschädigen.*

*02 Eine Schubkarre hilft Schüttgüter, Steine und Abraum zu transportieren. Eine schmale Grabeschaufel eignet sich gut, um den Boden zu bearbeiten. Zum Ausheben von Gräben und Pflanzlöchern, zum Abstechen von Rasenkanten und zum Trennen flacher Wurzeln wird ein Spaten benötigt. Mit einem Rechen werden Bodenflächen geebnet, Erde verteilt und Steine sowie Verklumpungen entfernt.*

*03 Zum Lösen von verdichteten Böden, Steinschichten und Wurzelwerk eignet sich die Spitzhacke. Sie erleichtert den Aushub in harten, steinigen oder trockenen Bereichen.*

*04 Die Wiedehopf-Hacke ist ein praktisches Werkzeug für Bodenmodellierungen im Rahmen eines Höhenlinien-Designs. Sie kombiniert die Eigenschaften von Hacke und Pickel, lockert Böden und löst Wurzeln. Schärfen Sie dafür gelegentlich die Schnittkanten. Die Wiedehopf-Hacke funktioniert gut in leichteren Böden. Bei sehr steinigen Böden ist die Spitzhacke (03) besser geeignet.*

# HÖHENLINIEN-GRABEN

**Ein Höhenlinien-Graben ist ein flacher Graben, der exakt waagerecht entlang einer Höhenlinie im Gelände verläuft. Das bedeutet: Er bleibt über seine gesamte Länge auf gleicher Höhe.**

Ein Höhenlinien-Graben ist eine einfache, aber sehr wirkungsvolle Methode, um Regenwasser in Hanglagen sinnvoll zu nutzen und Schäden zu vermeiden. Er wirkt wie ein längliches, kleines Rückhaltebecken. Bei Regen füllt sich dieser Graben mit Oberflächenwasser des darüberliegenden Hanges. Statt dass Regenwasser ungebremst den Hang hinunterfließt und dabei Boden und Nährstoffe mitnimmt, wird es durch den Graben aufgehalten, entlang der Höhenlinie gestaut, gleichmäßig in der waagerechten Mulde verteilt und kann langsam im Boden versickern.
Besonders bei Starkregen schützen die Gräben zuverlässig vor Bodenerosion. Gleichzeitig helfen sie, die Bodenstruktur zu verbessern, da der Wasserhaushalt im Boden ausgeglichener bleibt. Durch die Speicherung und langsame Versickerung erhöhen sie die Bodenfeuchte und fördern das Pflanzenwachstum. Besonders in trockenen Sommern sorgt die zurückgehaltene Feuchtigkeit für ein stabileres Mikroklima.

## VORAUSSETZUNGEN

Der Höhenlinien-Graben ist geeignet für Hangneigungen bis 4:1 (14°). Als Faustregel gilt: Die Basis des Walls sollte etwa viermal so breit sein wie seine Höhe. Je nach Bodenverhältnissen sind aber auch eventuell größere Hangneigungen möglich, wenn Sie zusätzlich auf stabile Böschungen achten. Bei stärkeren Hängen ist Vorsicht geboten – dort steigt das Risiko von Rutschungen. In Regionen mit Wühlmäusen sind breitere Wälle sinnvoll. Höhenlinien-Gräben können schmal und flach sein. Ihre Breite kann zwischen 50 cm

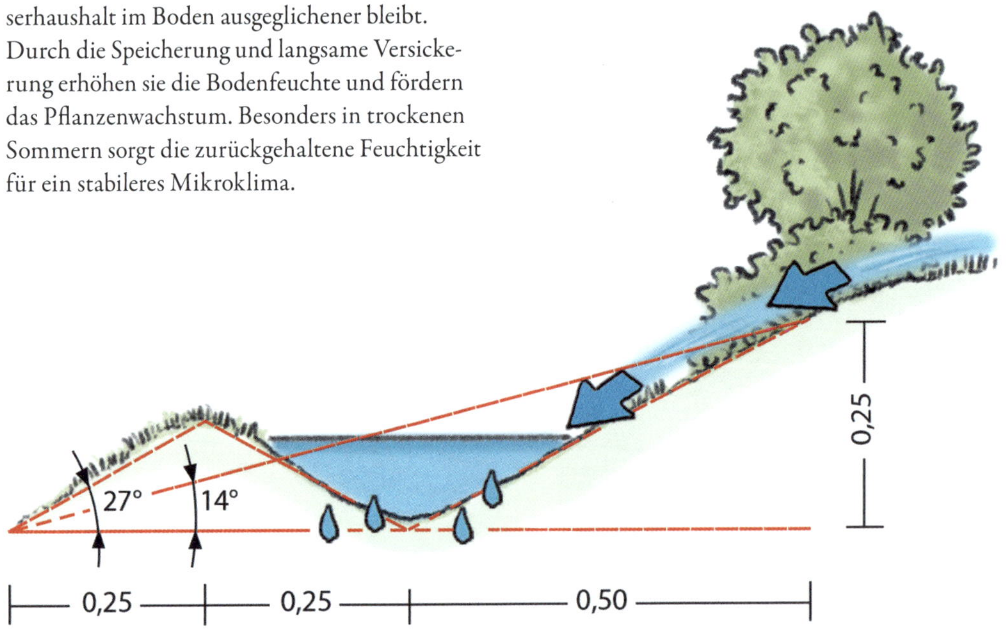


*Höhenlinien-Graben mit Maßangaben bei einer typischen Hangneigung von 4:1 (14°)*

**HINWEIS**
Alle in diesem Kapitel vorgestellten Elemente, zum Beispiel Höhenlinien-Gräben, benötigen einen passenden Überlauf. Dieser leitet überschüssiges Wasser gezielt und zuverlässig ab, bevor es unkontrolliert überläuft und Schäden an Böschungen oder in umliegenden Bereichen verursacht – idealerweise hangabwärts über eine gesicherte Abflussstrecke. Sollte eine vollständige Versickerung nicht möglich sein, kann das überschüssige Wasser am Ende kontrolliert in den Kanal eingeleitet werden. Ab Seite 94 wird auf verschiedene Überläufe eingegangen.

*Graben ausheben mit Spaten oder Grabeschaufel*

und 1 m variieren. Die Länge des Höhenlinien-Grabens hängt von der Grundstücksform ab. Bei mehreren hintereinander geschalteten Gräben kann es nötig sein, die unteren größer zu dimensionieren, da sie zusätzliches Hangwasser aufnehmen müssen. Größe, Tiefe und Anzahl der Gräben richten sich nach der Fläche, dem erwarteten Abfluss und dem Gefälle.
Der Graben muss sehr genau gebaut werden und entlang der Höhenlinie absolut eben verlaufen. Kontrollieren Sie dies mit einer Schlauchwaage. Wenn der Wasserstand im Graben halb voll ist, sieht man schon, ob man genau gemessen und gebaut hat. Sonst läuft das Wasser an einem Ende aus dem Graben, bevor er am anderen Ende halb voll ist.

## GRÄBEN KOMBINIEREN

Höhenlinien-Gräben sind ein einfaches, dauerhaft wirksames System zur Wasserrückhaltung am Hang und lassen sich bei Bedarf in mehreren Stufen kombinieren: Wenn Sie mehrere Höhenlinien-Gräben untereinander anlegen, kann das Wasser sogar stufenweise den Hang hinuntergeführt werden – jeder Graben hält einen Teil zurück, verteilt und speichert. So entsteht ein passives Wassermanagementsystem, das ganzjährig für mehr Bodenfeuchtigkeit sorgt – gerade in trockeneren Sommern ein enormer Vorteil.

## BAUANLEITUNG

Mithilfe einer Schlauchwaage können Sie die Höhenlinie bestimmen und entlang dieser eine flache Mulde graben. Auf der hangabgewandten Seite wird ein niedriger Wall aus dem Aushub aufgeschichtet. Dieser Wall wirkt wie ein natürlicher Damm und hilft, das Wasser im Höhenlinien-Graben zu halten, sodass es dort nach und nach versickern kann.
Der Wall kann mit Mulch bedeckt oder bepflanzt werden, damit er stabil bleibt und nicht erodiert. Offene Flächen sollten Sie am besten mit Gebrauchsrasen-Saatgut nachsäen.

**1. Höhenlinie markieren:** Bestimmen Sie mithilfe einer Schlauchwaage eine waagerechte Linie am Hang. Markieren Sie diese mit Pflöcken im Abstand von 1 bis 3 m. Je ungleichmäßiger das Gelände, desto geringer der Pflockabstand. Schlagen Sie die Pflöcke 15 bis 20 cm tief in den Boden. Je enger die Pflöcke stehen, desto genauer wird die Linie.
**2. Grabenverlauf anzeichnen:** Spannen Sie eine Schnur zwischen die Holzpflöcke oder markieren Sie die Linie mit Markierspray. Der Verlauf muss exakt waagerecht sein, da auch kleine Gefälle die Wirkung beeinträchtigen. Zeichnen sie außerdem die Außenkanten des gesamten Höhenlinien-Grabens an.

**MATERIAL & WERKZEUG**

- Wiedehopf-Hacke
- Holzpflöcke, rund oder eckig, Länge = ca. 30 cm, Durchmesser = ca. 6 cm, angespitzt. Menge, je nach Länge und Messpunkt-Abstand: 0,3–1 Stck./lfd. Meter
- Fäustel, um die Pflöcke in den Boden zu schlagen
- Markierspray (Kreidespray geht nur für kurzfristige Markierungen)
- Schlauchwaage
- Maurerschnur
- Spaten oder Schaufel
- Harke oder Rechen, zum Glätten und Formen des Walls
- Saatgut (optional, z. B. Kräuterrasen/Blumenwiese)
- Stampfer oder Trittbohle, zum Verdichten
- Maßband oder Meterstab

*„Der Wasserspiegel markiert immer eine Höhenlinie."*

**3. Rasennarbe entfernen und Graben ausheben:** Entfernen Sie auf der gesamten Fläche des Höhenlinien-Grabens die Rasennarbe, am besten mit einer Wiedehopf-Hacke. Versuchen Sie, möglichst gleichmäßig breite „Scheiben" herzustellen. Ganz unregelmäßige Stücke können Sie später nicht wieder einbauen. Lagern sie die Rasennarbe auf der Seite für die spätere Wiederverwendung. Heben Sie den Graben entlang der Linie aus. Die tiefste Stelle Ihres zukünftigen Höhenlinien-Grabens befindet sich genau in der Grabenmitte. Auf der Fläche, auf der sich Ihr zukünftiger Wall befindet, müssen Sie also gar nicht so tief graben. Legen Sie das Erdmaterial hangabwärts bis zu der angezeichneten Außenkante, sodass ein Wall entsteht. Verdichten Sie den Grabenboden nicht, damit Wasser gut versickern kann.

**4. Wall formen und Rasennarbe aufbringen:** Formen Sie aus dem Aushub einen Wall. Die Basis sollte etwa viermal so breit sein wie die Höhe (z. B. 25 cm hoch = 1 m breit). Verdichten Sie den Wall mit den Füßen oder einem Stampfer, damit er stabil bleibt. Als Erosionsschutz können Sie zur Begrünung die seitlich gelagerte Rasennarbe auf der Fläche auslegen. Aber natürlich ist auch eine Ansaat möglich.

**5. Überlauf planen:** Legen Sie einen Überlaufpunkt an, zum Beispiel mit einem Ein-Stein-Damm, um überschüssiges Wasser kontrolliert weiterzuleiten.

*Ein Höhenlinien-Graben ist ein längliches, kleines Rückhaltebecken.*

## WARTUNG

**Bauwerks- und Funktionskontrolle:** Prüfen Sie nach starken Regenfällen die Gräben auf Schäden, Ausspülungen oder Verstopfungen durch Laub, Äste oder Schlamm. Sedimente können den Höhenverlauf der Grabensohle verändern. Entfernen Sie diese daher! Stehendes Wasser muss nach ein bis zwei Tagen versickert sein. Andernfalls muss die Drainage überprüft und verbessert werden. Schäden wie Rinnenbildung oder Ausspülungen sollten sofort behoben und nachgesät werden.

**Sichtkontrolle:** Alle drei Monate Zu- und Abläufe sowie den Graben kontrollieren. Entfernen Sie Schwemmgut und Sedimente, insbesondere an der Grabensohle. Verdichtete Flächen sollten vorsichtig aufgelockert werden.

**Vegetationspflege:** Die Vegetation sollte ein- bis zweimal jährlich gemäht werden, Gehölzaufwuchs muss entfernt werden. Offene Flächen mit Gebrauchsrasen- oder Kräuterrasen-Saatgut nachsäen. Achten Sie darauf, dass Sie beim Mähen mit einer Motorsense den Wall nicht beschädigen.

**Saisonale Pflege:** Graben im Frühjahr und Herbst säubern, Frost- und Laubschäden ausbessern.

**Pflegeaufwand:** Grundpflege ca. zweimal pro Jahr.

# LEICHT GENEIGTER GRABEN

**Im Gegensatz zum vollständig waagerechten Höhenlinien-Graben wird ein leicht geneigter Graben mit einer geringen Neigung (Längsgefälle) angelegt. Dadurch fließt das Wasser bewusst in eine bestimmte Richtung ab. Durch das minimale Gefälle kann Wasser gezielt von einem Bereich in einen anderen geleitet werden.**

Wie der Höhenlinien-Graben dienen leicht geneigte Gräben dazu, Regenwasser vor Ort aufzufangen und im Boden versickern zu lassen. Beide reduzieren den Oberflächenabfluss, verhindern Bodenerosion und erhöhen die Bodenfeuchte. Im Gegensatz zum absolut waagerechten Höhenlinien-Graben können leicht geneigte Gräben aufgrund ihres geringen Gefälles Wasser aber auch langsam hangabwärts bewegen. Die leichte Neigung ermöglicht es, das Wasser gezielt in bestimmte Bereiche zu leiten, ohne dass es unkontrolliert abfließt und ohne Rohre oder andere technische Einrichtungen zu benötigen. Leicht geneigte Gräben können Wasser gezielt im Gelände verteilen und ermöglichen so eine effektive Nutzung. Sie leiten Wasser langsam und kontrolliert weiter, was ideal ist, um es von einem Element zum nächsten zu transportieren, beispielsweise von einer Mulde zu einem Teich oder Beet.

## VORAUSSETZUNGEN

Der leicht geneigte Graben ist geeignet für Hangneigungen bis 4:1 (14°). Das Längsgefälle des leicht geneigten Grabens kann 100:1 (0,6°) bis 33:1 (1,7°) betragen. Ein zu starkes Gefälle führt häufig zu schneller Strömung, kann Erosion verursachen oder den Graben beschädigen. Ein zu geringes Gefälle begünstigt dagegen die Bildung von Pfützen und sorgt nicht für die gewünschte Wasserableitung. Die genaue Hangneigung richtet sich nach den örtlichen Gegebenheiten (Bodenbeschaffenheit, Wassermenge, Geländeform) sowie den Zielen (z. B. nur leichtes Ableiten oder möglichst zügiges Abführen von Überschusswasser). Ansonsten verhält es sich wie bei einem horizontalen Graben. Auch ein leicht geneigter Graben braucht einen Überlauf (siehe S. 94 ff.).

*Tipp*

Wasser bewegen wir im Garten am besten nur mit geringer Geschwindigkeit. Ein Graben mit einer sehr leichten Neigung gewährleistet dies. Wie stark der Graben in Ihrem Garten geneigt sein kann, ist stark von der Bodenart abhängig. Mit den in diesem Buch angegebenen Neigungswinkeln sind Sie auf jeden Fall auf der sicheren Seite.

## BAUANLEITUNG

Der Bauablauf und die Vorgehensweise sowie Material und Werkzeug sind dieselben wie beim Höhenlinien-Graben (siehe S. 58). Nur das kleine Gefälle (1 bis 3 cm pro laufendem Meter Längsgefälle) macht den gewissen Unterschied. Sie sollten versuchen, möglichst präzise zu messen und ein möglichst geringes Gefälle zu wählen, um den Wasserlauf zu verlangsamen.

## WARTUNG

Die Wartungsarbeiten entsprechen weitgehend den beim Höhenlinien-Graben aufgeführten Arbeiten (siehe S. 61). Da ein leicht geneigter Graben aber ein geringes, durchgängiges Gefälle haben sollte, um optimal zu funktionieren, muss dieses zusätzlich regelmäßig kontrolliert werden.

*Ein leicht geneigter Graben transportiert Wasser langsam. Das Wasser gewinnt somit keine Kraft, um Erosion auszulösen.*

*Senken können neben Wegen angelegt werden, um das auf den Weg fallende Regenwasser aufzunehmen.*

# HÜGEL UND SENKEN

**Hügel und Senken bestehen aus zwei Teilen: einer ausgehobenen Senke und einem erhöhten Hügel, der sich direkt daneben befindet.**

Hügel und Senken sind eine gute Methode, um Regenwasser im Garten zu speichern, den Abfluss zu verlangsamen und den Boden zu bewässern. Sie sind besonders an Hanglagen effektiv, eignen sich aber auch für nahezu ebenes Gelände. Das Wasser sammelt sich in der Senke vor dem Hügel, bleibt dort stehen und kann langsam versickern. Auch im Wurzelbereich von Bäumen lassen sich auf diese Weise kleine Anstaumulden zur gezielten Bewässerung anlegen.

Senken bieten Schutz vor Wind und reduzieren die Verdunstung. So entstehen kleine Feuchtinseln im Garten, in denen sich Pflanzen auch bei Trockenheit länger wohlfühlen. Sie schaffen bewusst unterschiedliche Standorte: Auf den Hügeln befinden sich trockene, gut drainierte Böden, die sich für Kräuter oder trockenheitsverträgliche Stauden eignen. In den Senken hingegen finden durstige Pflanzen, Gehölze oder Stauden mit höherem Wasserbedarf einen feuchteren Standort.

Der Hügel kann aus dem beim Ausheben der Senke anfallenden Erdmaterial bestehen. Dadurch muss weder Erde angeliefert noch entsorgt werden. Dieser Vorgang wird als „Mengenausgleich" bezeichnet. Dies ist das gleiche Prinzip wie beim Höhenlinien-Graben. Dabei wird an einer Stelle Boden ausgehoben und direkt nebenan wieder eingebaut. Es ist aber auch möglich, für die Hügel zusätzliche Erde zu nutzen.

*Hügel und Senken lassen sich einzeln, in kleinen Gruppen oder auch im System anlegen – je nach zur Verfügung stehender Fläche.*

## VORAUSSETZUNGEN

Hügel und Senken sind für Hangneigungen bis 5:1 (11,3°) geeignet. Die Seiten des Hügels und der Mulde werden so angelegt, dass sie maximal ein Gefälle von 2 m waagerecht zu 1 m in der Horizontalen aufweisen. Das bedeutet, dass der Fuß des Hügels in Ihrer Hügel-Senken-Einheit mindestens viermal so breit sein sollte wie die Höhe des Hügels – gemessen vom Boden der Senke bis zur Oberkante des Hügels. Dies ergibt einen Hügel mit einem Gefälle von 2:1, wobei ein Gefälle von 3:1 für zusätzliche Stabilität sorgt. Bei sandigen Böden sollten Sie die Hügel dicker gestalten. In tonhaltigen Böden können Sie die Hügel etwas höher und schmaler gestalten, da dieser Boden generell gut zusammenhält. In Gegenden mit Wühlmäusen, unabhängig vom Bodentyp, sollten Sie die Hügel immer dicker bauen.

**Generell gilt: Ebnen und verdichten Sie Ihre Wälle.** Machen Sie die Oberseite des Walls eben, damit es keine unbeabsichtigten tiefen Stellen gibt, an denen das Wasser aus dem Erdbauwerk laufen kann. Überprüfen Sie mithilfe einer Schlauchwaage oder Setzlatte, ob der Wall oben eben ist. Verdichten Sie die Wälle, jedoch nicht die Becken. Um die Wälle stabiler und widerstandsfähiger zu machen, laufen Sie sie gleichmäßig ab und stampfen Sie sie mit den Füßen fest. Eine mechanische Rüttelplatte oder ein Stampfer sollte nur dort zum Einsatz kommen, wenn es sich um einen großen Hügel handelt, bei dem der Wall als Weg dient. Der Boden wird dabei so stark verdichtet, dass nur sehr wenig oder gar nichts darauf wachsen kann. Die Becken werden nie gestampft, verdichtet oder abgedichtet, da sonst kein Wasser mehr versickern könnte.

### ÜBERLÄUFE

Wichtig ist eine sichere Ableitung von überschüssigem Wasser. Legen Sie dafür Überläufe an, die das Wasser von einer Hügel-Senken-Einheit gezielt zur nächsten leiten. Achten Sie auf exakte Höhen und nutzen Sie dafür beispielsweise eine Schlauchwaage.

*Senken können in bestehende Mulden im Hang eingearbeitet werden. Der Bodenaushub wird dann direkt daneben wieder eingebaut.*

Der Überlauf ist ein Drittel unterhalb der Hügeloberkante einzubauen. Dadurch bleiben also etwa zwei Drittel der Gesamthöhe als mögliche Wasserstauhöhe verfügbar, während das oberste Drittel frei bleibt. Diese Anordnung stellt sicher, dass die Hügel-Senken-Einheit bis zur gewünschten Tiefe Wasser halten kann, aber bei Starkregen das Wasser rechtzeitig an der definierten Stelle überläuft, ohne den Hügel zu überfluten. Ein breiter, flacher Überlauf ist entscheidend, damit auch große Wassermengen bei Starkregen sicher abgeführt werden können. Je größer die Staufläche und je höher die Zuflussmengen, desto großzügiger sollte die Überlauföffnung bemessen sein. Als Faustformel empfiehlt sich eine Überlaufbreite von etwa dem Doppelten der Hügelhöhe (gemessen vom Boden der Senke bis zur Oberkante des Hügels). Bei einer Höhe des Hügels von 50 cm entspricht das also der Breite von 1 m. Der Überlauf kann aber auch gerne noch etwas breiter sein, denn eine breite Überlaufstelle verringert die Fließgeschwindigkeit und verteilt das ablaufende Wasser noch besser. So wird Erosion vermindert und das System bleibt auch bei hohen Zuflussraten stabil. Wichtig ist zudem, dass der Überlauf auf Niveau (waagerecht) angelegt wird, damit das Wasser gleichmäßig über die gesamte Breite abfließen kann und sich nicht auf eine Engstelle konzentriert. So vermeiden Sie Verstopfungen und verringern die Erosionsgefahr. Die Lage des Überlaufs – an einem oder beiden Hügelenden – hängt von der Lage im Garten ab. Nahe der Grundstücksgrenze reicht in der Regel ein entsprechend groß dimensionierter, einseitiger Überlauf zur Mitte hin. Wenn die Senke sehr flach gestaltet wird, kann sie auch als ebene Terrasse ohne Stützmauer verwendet werden.

## HÜGEL-SENKEN-SYSTEM – FÜR GRÖSSERE GÄRTEN

Ein Hügel-Senken-System ist ein gezielt angelegtes Gefüge aus Erdwällen (Hügeln) und Mulden (Senken), das sich besonders für größere Gärten und Hänge eignet. Es fängt Regenwasser auf, speichert es und leitet es langsam in den Boden ab. Die Einheiten sind wie ein Netzwerk miteinander verbunden. Das Wasser wird gleichmäßig von einer Senke zur nächsten weitergeleitet und kann dabei schrittweise versickern. So sinkt das Risiko von Überschwemmungen, während Bodenfeuchtigkeit und Grundwasserneubildung gefördert werden. Die re-

duzierte Fließgeschwindigkeit schützt vor Erosion, da weniger Boden abgeschwemmt wird.
Bei leichten Regenfällen bleibt das Wasser auf dem Grundstück und wird bei Starkregen kontrolliert in tiefer gelegene Senken weitergeleitet. Wichtig ist, dass die einzelnen Elemente gut aufeinander abgestimmt sind. Erst im Zusammenspiel entfalten sie ihre Funktion – durch gezielte Überläufe, stabile Erdwälle und exakte Höhenplanung. Nutzen Sie dafür eine Schlauchwaage und legen Sie die Hügel-Senken-Einheiten versetzt am Hang an, aber nicht direkt untereinander. So kann das Wasser von einer Einheit sicher zur nächsten fließen, ohne an den Hügelseiten vorbeizuschießen und Erosion zu verursachen. Planen Sie die Überläufe vorausschauend, denn sie sind entscheidend für die Funktion und Langlebigkeit des Systems.

## SCHRITT FÜR SCHRITT BAUEN

Für den Bau von Hügel-und-Senken-Systemen wird viel Erdmaterial bewegt. Je nach Größe des Gartens und der gewünschten Speicherwirkung fallen schnell mehrere Kubikmeter Bodenbewegung an. In der Theorie lassen sich Hügel und Senken zwar mit Spaten und Schubkarre in Handarbeit anlegen, in der Praxis stößt man dabei jedoch rasch an seine körperlichen und zeitlichen Grenzen. Schon ab einer Fläche von wenigen Quadratmetern ist der Einsatz von Maschinen wie Minibagger, Radlader oder zumindest einer motorbetriebenen Schubkarre sinnvoll – und auf größeren Flächen unverzichtbar.

01 **Fläche auswählen:** Suchen Sie eine Stelle mit leichtem Gefälle, beispielsweise an einem Hang oder in einem Garten, in dem Regenwasser abfließt. Beobachten Sie bei Regen, wo das Wasser fließt. Gibt es eine vorhandene Mulde, an der sich dass Wasser jetzt schon sammelt? Dort könnte ein guter Ort für ein Hügel-und-Senken-Element sein.

02 **Form festlegen:** Entscheiden Sie, wie groß Ihre Hügel-und-Senken-Einheit sein soll: Abhängig von Geländeform und Flächengröße sind Flächen von 20 bis 40 m² oder größer möglich.

03 **Rasennarbe abschälen und Senke ausheben:** Entfernen Sie die Rasennarbe mit der Wiedehopf-Hacke. Graben Sie eine flache Mulde in den Boden. Sie sollte eine sanfte Vertiefung sein, die nicht zu steil ist, damit das Wasser gut einsickern kann. Legen Sie die ausgehobene Erde unterhalb der Mulde ab – daraus wird gleich der Hügel geformt. Überlegen Sie ganz genau, wie weit die Senke geht. Damit verhindern Sie, dass Sie aus Versehen die Erde zweimal umschaufeln müssen, da am ersten Lagerort noch eine Senke gebaut werden soll.

04 **Hügel aufschütten und verdichten:** Aus der ausgegrabenen Erde bauen Sie direkt unterhalb der Senke einen kleinen Hügel. Die Basis sollte breit und fest sein, während Sie die Oberseite leicht abrunden können. Stampfen Sie den Hügel fest, damit er nicht weggespült wird. Warten Sie mit dem Verdichten nicht, bis Sie den Hügel fertiggestellt haben, sondern fangen Sie damit schon frühzeitig an. In der Fachsprache heißt das „Lagenweise verdichten, Schichtstärke = 10 cm".

05 **Überlauf: Ein-Stein-Damm – große Version (siehe S. 94):** Wie groß Sie den Überlauf bauen, ist natürlich abhängig von der Größe der von Ihnen geplanten bzw. errichteten Hügel-und-Senken-Einheit. Der Überlauf sollte deutlich größer sein als bei dem zuvor beschriebenen Höhenlinien-Graben.

06 **Stabilisieren mit Pflanzen:** Sie können auf dem Hügel einen Kräuterrasen oder eine Blumenwiese ansäen, ihn mit Stauden bepflanzen oder die abgeschälte Rasennarbe einbauen. In der Senke lässt sich ebenfalls ein Kräuterrasen ansäen, aber auch Mulchmaterial oder Bodendecker sowie eine Stabilisierung mit Steinen in der Senke ist möglich.

## MATERIAL & WERKZEUG

Der Bau eines Hügel-und-Senken-Elements in reiner Handarbeit ist eine schweißtreibende Angelegenheit – ein echtes Erdprojekt. Planen Sie daher nicht nur Werkzeug und Material, sondern auch Zeit, Kraft oder Maschinen (Bagger) ein.

- Bodenmaterial (Aushub) – idealerweise verwenden Sie den eigenen Ober- und Unterboden wieder (Mengenausgleich)
- Markierungsschnur – zum Abstecken der geplanten Anlage
- Markierspray (Kreidespray nur für kurzfristige Markierungen)
- Maßband oder Meterstab
- Schlauchwaage oder Nivelliergerät – zum exakten Ausrichten der Höhen (besonders wichtig für Überläufe)
- Wiedehopf-Hacke
- Spaten und Schaufel – zum Abstechen und Umsetzen kleinerer Mengen Erdreich
- Eimer
- Schubkarre – für einfacheren Materialtransport
- Rüttelplatte oder Stampfer (optional) – zum Verdichten der Hügel
- Harke – für den Feinschliff der Geländeform
- Rechen und Besen – zum Glätten und Reinigen der Oberfläche
- Saatgut (optional Kräuterrasen/Blumenwiese) oder Pflanzen (Stauden/Kleinsträucher)
- evtl. Steine zur Stabilisierung

**Bei maschinellem Einsatz zusätzlich**

- Minibagger – zum schnellen Ausheben der Senken und Aufschütten der Hügel
- Radlader oder Dumper – für den Bodentransport innerhalb des Grundstücks
- Nivelliergerät oder Rotationslaser mit Nivellierstange – zur exakten Höhenkontrolle bei größeren Systemen

## WARTUNG

**Bauwerks- und Funktionskontrolle:** Prüfen Sie nach Starkregen, ob Hügelböschungen ausgespült oder Senken über längere Zeit geflutet sind. Rinnen sollten mit Erde oder Schotter aufgefüllt und festgetreten werden. Entfernen Sie eine eventuell entstandene dünne Schicht aus feiner Erde (Sedimentschlamm). Verdichtete Senkenböden sind zu lockern, um die Versickerung zu fördern.

**Regelmäßige Inspektion:** Begehen Sie die Anlage zweimal im Jahr. Dabei ist darauf zu achten, dass die Hügel ihre Form behalten und die Senken nicht verschlammt sind. Bei Bedarf sind kleine Erdarbeiten zur Wiederherstellung der ursprünglichen Form durchzuführen.

**Zu- und Abflüsse kontrollieren:** Halten Sie Rinnen und Überläufe frei, damit das Wasser kontrolliert in das Hügel-und-Senken-Element ein- und ausfließen kann. Blockierte Überläufe können zu Überschwemmungen oder Erosion führen. Wenn Probleme an Ihrer Konstruktion auftreten, dann werden diese meistens an den Zu- und Abläufen sichtbar.

**Bodenpflege:** Entfernen Sie abgelagerten Schlamm aus den Senken und nutzen Sie ihn, um Erosionsschäden auszubessern. Lockern Sie verdichtete Stellen in der Senke mit einer Grabegabel, um die Wasseraufnahme zu verbessern.

**Pflanzenpflege:** Bei naturnahen Wiesenflächen genügen zwei Rückschnitte pro Jahr: der erste im Juni und der zweite im Oktober oder November. Kahle Stellen sollten zügig begrünt werden. Durch eine gute Bepflanzung bleibt die Geländeform weitgehend stabil.

**Saisonale Pflege:** Im Frühjahr die Stellen nachsäen, an denen Erosionsspuren festzustellen sind. Im Herbst Laub entfernen.

**Pflegeaufwand:** Nach der Einwurzelung reichen zwei jährliche Wartungen aus, bei Starkregen sind zusätzliche Kontrollen nötig.

*Hügel und Senken können auch mit niedrigen Einfassungsmauern gebildet werden.*

# VERSICKERUNGSMULDEN

**Eine Versickerungsmulde ist eine flache Vertiefung im Boden, die Regenwasser auffängt und versickern lässt. Sie eignet sich besonders für flache bis leicht geneigte Flächen und ist eine wirksame Methode, um Regenwasser im Garten zu nutzen.**

Eine Versickerungsmulde hilft, Überschwemmungen zu vermeiden, bewässert den Boden und verbessert das Mikroklima – und das ganz ohne Technik. Eine Versickerungsmulde ist wesentlich großflächiger als beispielsweise ein Höhenlinien-Graben. Sie können diese Mulden in der Nähe versiegelter Flächen anlegen, um Regenwasser aufzunehmen, das sonst ungenutzt in die Kanalisation abfließen würde. Sogar eine Rasenfläche kann so angelegt werden, dass sie bei Starkregen Wasser aufnimmt und ansonsten ganz normal genutzt werden kann.

Versickerungsmulden reinigen das Wasser auf natürliche Weise. Boden und Pflanzen filtern ungelöste Stoffe heraus.

Form, Aussehen und Abmessungen von Versickerungsmulden können stark variieren. Natürlich können die Mulden bepflanzt werden, aber eine linsenförmige Rasenfläche, die ganz normal als Rasen gemäht und genutzt wird, kann auch als Versickerungsmulde dienen.

## PLATZBEDARF

Der Platzbedarf richtet sich nach der Bodendurchlässigkeit. Als Faustregel gilt: Die Muldenfläche sollte 10 bis 15 % der angeschlossenen Dachfläche betragen. Wenn Sie beispielsweise das Wasser, das auf eine ca. 100 m² große Dachfläche fällt, in einer Mulde versickern lassen wollen, sollte die Mulde eine Fläche von 10 bis 15 m² haben.

Aber auch kleine Mulden helfen. Mehrere kleine Mulden lassen sich zu einem gestuften System verbinden, insbesondere bei leichtem Gefälle. So kann das Wasser von einer Mulde zur nächsten fließen und langsam versickern, ohne Erosion zu verursachen.

**Wichtig:** Der Abstand zu unterkellerten Gebäuden sollte mindestens das 1,5-Fache der Fundamenttiefe betragen. Wenn Ihr Keller unter dem Gebäude also 2 m in die Tiefe reicht (von der Geländeoberfläche im Garten aus gemessen),

*Versickerungsmulden haben eine Tiefe von 20 bis 30 cm. Bei der Anstauhöhe versickert das Wasser schnell wieder.*

*Versickerungsmulden sind temporäre Wasserflächen.*

*Bepflanztes Beispiel einer Versickerungsmulde*

benötigen Sie einen Abstand von 3 m vom Rand ihrer Versickerungsmulde zum Haus.
Die typische Tiefe der Versickerungsmulde liegt bei 20 bis maximal 30 cm. Das Wasser sollte innerhalb von 12 Stunden versickern, um die Bildung von Mücken zu vermeiden. Achten Sie auf eine flache, stabile Gestaltung der Böschungen. Ein Gefälle von 3:1 (horizontal zu vertikal) ist optimal. Steilere Böschungen sind möglich, wenn sie mit Steinen oder dichter Bepflanzung stabilisiert werden. Der Boden der Mulde sollte eben sein, damit das Wasser gleichmäßig versickert. Nutzen Sie den Aushub Ihrer Versickerungsmulde sinnvoll weiter, beispielsweise für kleine Wälle an der tieferliegenden Seite der Mulde oder für erhöhte Wege (siehe S. 76). Verlegen Sie bei Bedarf Steine oder Ziegel, um die Ränder zu sichern. Achten Sie dabei darauf, dass diese den Wasserzufluss nicht behindern.

## VARIATIONEN

Versickerungsmulden sind vielseitig einsetzbar, ob bepflanzt, mit Kies gefüllt oder begrünt:

### GRASBEWACHSENE VERSICKERUNGSMULDE

Eine grasbewachsene Mulde ist eine flach ausgehobene Senke, die mit Rasen angesät wird. Sie lässt Regenwasser langsam versickern, schützt den Boden vor Erosion und übermäßiger Austrocknung. Die Mulde ist besonders pflegeleicht, begehbar und lässt sich optisch harmonisch in bestehende Rasenflächen integrieren – ganz ohne technischen Aufwand. Das Gras schützt vor Erosion und macht die Fläche nutzbar. Sie eignet sich auch als Standort für Bäume – idealerweise außerhalb des Kronenbereichs bestehender Bäume oder in Kombination mit Neupflanzungen.

*Wasser sollte man genau dort im Boden speichern, wo es am besten wiederverwendet werden kann: direkt bei einem Baum.*

## MIT KIES GEFÜLLTE MULDE

Ein mit Kies (Körnungsgröße 16/32 mm) gefüllter Graben ist unauffällig, trittfest, pflegeleicht, erlaubt die Versickerung, hat jedoch eine geringere Speicherkapazität. Er eignet sich gut für Wege oder kleinere, intensiv genutzte Flächen. Im Vergleich zur grasbewachsenenen Versickerungsmulde verlieren Sie bei der kiesgefüllten Mulde etwa 65 bis 70 % des Speichervolumens, d. h., nur etwa 30 bis 35 % des Grubenvolumens bleibt für die Wasserspeicherung nutzbar. Bei einer kiesgefüllten Mulde sollte die Fläche daher wenn möglich größer sein als bei der grasbewachsenen Mulde.

## BEPFLANZTE VERSICKERUNGSMULDE

Sie vereint Wasserspeicherung und Pflanzfläche, verbessert die Biodiversität, reinigt Wasser biologisch und kühlt durch Verdunstung. Pflanzen profitieren vom Wasserüberschuss, der in der Mulde zurückgehalten wird. Achten Sie darauf, dass die Muldenpflanzen ausreichend Raum für ihre endgültige Größe erhalten. Besonders tiefwurzelnde Arten oder wechselfeuchte Stauden wie die Sibirische Schwertlilie *(Iris sibirica)* und der Gilbweiderich *(Lysimachia)* können gut integriert werden.

**Gemüsebeete:** Viele Gemüsepflanzen sind recht wasserbedürftig. Falls Sie Gemüse anbauen, fragen Sie sich vielleicht jeden Sommer, ob Sie das Trinkwasser noch guten Gewissens zum Wässern verwenden können. Daher kann es sinnvoll sein, verstärkt Gemüsegärten in Mulden anzulegen. Durch die Erdreichbetankung in der Mulde und eine möglichst dicke Mulchschicht auf der Erde kann der Gemüsegarten sehr lange Wasser speichern. Diese Mulden sollten mindestens 20 cm tief sein. Mulch, organisches Material und abgeschwemmter Boden erhöhen mit der Zeit das Bodenniveau, planen Sie also nicht zu flach. Versenkte Beete halten Regen und Zufluss aus umliegenden Flächen zurück, sodass Sie deutlich weniger gießen müssen als bei Hochbeeten. Nicht alle Gemüsepflanzen kommen gleich gut mit wechselfeuchten Standorten zurecht. Mangold, Rhabarber und Topinambur sind beispielsweise besonders gut geeignet.

### *Tipp*

**ÜBERLAUF**

Planen Sie stets einen sicheren Überlauf ein, der überschüssiges Wasser gezielt weiterleitet – beispielsweise zur nächsten Mulde oder in eine andere Wasserhalteeinrichtung (siehe S. 94 ff.).

## MATERIAL & WERKZEUG

- Kompost oder Pflanzerde – zur Bodenverbesserung
- Große und kleine Steine, je nach konkretem Vorhaben
- Robuste, feuchtigkeitsliebende Pflanzen – je nach Nutzung (z. B. Stauden, Sträucher oder Gemüse)
- Spaten oder Schaufel – zum Ausheben, oder einen Bagger, wenn es etwas größer ausfallen soll
- Maßband oder Meterstab
- Markierspray (Kreidespray nur für kurzfristige Markierungen)
- Schubkarre – für den Erdtransport
- Rechen – zum Glätten des Bodens
- Schlauchwaage
- Pflöcke und Schnur – zur Kontrolle der Tiefe und Form
- Pflanzkelle – zum Einsetzen der Pflanzen

*Sumpfdotterblume (Caltha palustris)*

*Versickerungsmulde als gestalterisches Element*

**Baumstandort:** Werden Baumstandorte in Mulden angelegt, versickert das Wasser direkt an den Wurzeln und steht den Bäumen sehr lange zur Verfügung. Die Bäume können dieses Wasser besonders in Trockenzeiten effizient aufnehmen. Über ihre tief reichenden Wurzeln erschließen sie zusätzlich tiefer liegende Bodenschichten und können dort Wasser nutzen, das bereits vor langer Zeit gespeichert wurde. Gleichzeitig verdunsten Bäume über ihre Blätter Wasser – dieser Prozess der Transpiration entzieht der Umgebung Wärme und sorgt so für eine spürbare Abkühlung. So wirken sie wie natürliche Klimaanlagen und verbessern das Mikroklima im Garten nachhaltig.

## BAUANLEITUNG

**1. Form und Tiefe wählen:** Planen Sie eine Tiefe von etwa 30 cm. Die Mulde kann eckig oder rund sein – je nach Platz und Geländeform. Eine Breite von 1 bis 3 m ist für viele Gärten ausreichend. Denkbar ist auch, das Gelände zweimal abzusenken.

**2. Mulde ausheben:** Heben Sie die Mulde per Spaten oder Bagger aus. Gestalten Sie die Seiten flach abfallend, damit das Wasser sanft einläuft und die Böschungen nicht abrutschen.

**3. Boden vorbereiten:** Lockern Sie den Boden am Muldenboden leicht auf. Bei lehmigen Böden mischen Sie Sand unter, um die Versickerungsfähigkeit zu verbessern.

**4. Pflanzen einsetzen:** Wählen Sie robuste, standortgerechte, wechselfeuchte Pflanzen wie Schwertlilien *(Iris)* oder Sumpfdotterblumen *(Caltha palustris)*.

**5. Mulchen:** Zwischen den Pflanzen können Sie eine Mulchschicht aus Holzhäcksel auftragen (siehe S. 118). Diese Schicht schützt den Boden vor Austrocknung und reduziert den Unkrautwuchs. Wenn Sie Pflanzen mit einer Wuchshöhe

## STAUDEN UND GRÄSER FÜR VERSICKERUNGSMULDEN

| STAUDEN | BLÜTENFARBE | BLÜTEN-MONATE | WUCHSHÖHE IN M | STANDORT |
|---|---|---|---|---|
| Sumpf-Dotterblume *Caltha palustris* | gelb | 4–6 | 0,30–0,40 | sonnig bis halbschattig |
| Wiesen-Storchschnabel *Geranium pratense* | blau | 6–8 | 0,60–0,70 | sonnig |
| Gelbe Schwertlilie *Iris pseudacorus* | gelb | 5–6 | 0,80–1,00 | sonnig |
| Gewöhnlicher Blutweiderich *Lythrum salicaria* | purpur | 6–9 | 0,80–1,20 | sonnig bis halbschattig |
| **GRÄSER** | | | | |
| Scharfkantige Segge *Carex acutiformis* | bräunlich-grün | 5–6 | 0,50–1,20 | sonnig bis halbschattig |
| Rasen-Schmiele *Deschampsia cespitosa* | gelb | 6–9 | 0,60–1,50 | sonnig bis halbschattig |
| Flatter-Binse *Juncus effusus* | unscheinbar, grünlich-braun | 6–8 | 0,60–1,20 | sonnig bis halbschattig |

von 20 cm oder mehr verwenden, können Sie vermutlich problemlos eine Mulchschicht von 10 cm aufbringen. Die Mulchschicht wird sich enorm auf den Wasserverbrauch auswirken. Der Boden kann sich nicht mehr erhitzen und muss deshalb auch kein Wasser verdunsten, um sich abzukühlen.

*Tipp*

### VERSICKERUNGSMULDEN-PROFIS

Stauden, die sich für wechselfeuchte Standorte und Teiche mit Sickerzonen (siehe S. 87) eignen, können auch für Versickerungsmulden verwendet werden.

**6. Überlauf einplanen:** Ein Überlauf an der tiefsten Stelle leitet überschüssiges Wasser weiter, beispielsweise in eine angrenzende Mulde. Beachten Sie bitte, dass jede Bepflanzung das Speichervolumen reduziert.

## WARTUNG

**Bauwerks- und Funktionskontrolle:** Kontrollieren Sie die Mulde nach jedem Starkregen. Entfernen Sie eingespülte Äste oder Müll. Wenn Wasser länger stehen bleibt, ist zu prüfen, ob eine Verstopfung oder Bodenverdichtung vorliegt.
**Regelmäßige Inspektion:** Führen Sie zweimal jährlich eine Sichtkontrolle durch. Achten Sie dabei auf Laub, Sedimente, Pfützenbildung oder beschädigte Ränder, da diese das

*Wechselfeuchte und dauerhaft nasse Bereiche lassen sich als benachbarte Zonen kombinieren.*

Speichervolumen der Versickerungsmulde stark beeinträchtigen können.

**Zu- und Abflüsse prüfen:** Halten Sie Zuläufe und Überläufe frei von Laub und Schlamm, damit das Wasser ungehindert ein- und abfließen kann.

**Bodenpflege:** Entfernen Sie angesammelten Schlamm, besonders am Zulauf. Lockern Sie verhärteten Boden mit Harke oder Grabegabel. Bei tiefer Verdichtung kann eine ausführliche Bodenlockerung nötig sein.

**Pflanzenpflege:** Mähen Sie im Juni und im Oktober oder November. Lassen Sie Teilflächen für Insekten ungemäht. Unerwünschte Gehölze oder invasive Arten sollten regelmäßig von Hand entfernt werden. Begrünen Sie kahle Stellen nach – mit standortgerechtem Saatgut oder robusten Stauden.

**Saisonale Pflege:** Im Frühjahr sollte man Laub und abgestorbene Pflanzenreste entfernen. Prüfen Sie den Boden und säen sie bei Bedarf nach. Im Sommer (Juni) wird gemäht. Im Herbst stehen Rückschnitt, Laubentfernung und die Kontrolle des Überlaufs an. Im Winter ist keine aktive Pflege nötig.

**Pflegeaufwand:** Mit zweimal jährlich intensiver Pflege und gelegentlichen Kontrollen ist die Pflege gut zu bewältigen.

*Beetbepflanzung mit Stauden und Zwiebelpflanzen*

*Gilbweiderich (Lysimachia vulgaris)*

*Beete können das Wasser besser brauchen als Wegeflächen.*

# WEGE HÖHER ALS BEETE

**In vielen Gärten liegen die Wege tiefer als die angrenzenden Beete. Dies entsteht oft dadurch, dass im Laufe der Zeit Mulchmaterial auf die Beete aufgebracht wird. Dieses zersetzt sich und erhöht die Beetflächen. Die Wege hingegen bleiben auf ihrem ursprünglichen Niveau.**

Diese Höhenunterschiede können dazu führen, dass Regenwasser auf den Wegen stehen bleibt, während es den Pflanzen in den Beeten fehlt. Das Wasser befindet sich dann also genau dort, wo Sie es nicht haben wollen. Sie können dieses Problem lösen, indem Sie die Wege etwas höher als die Beete anlegen. So fließt das Regenwasser von den Wegen in die angrenzenden Pflanzflächen. Dadurch wird die Wasserversorgung der Pflanzen verbessert und sowohl Trockenheit in den Beeten als auch Staunässe auf den Wegen verhindert.

*Tipp*

**DRAINAGEGRABEN**

Wenn das Wasser zur Hangseite abgeleitet wird, sollte dort ein Drainagegraben angelegt werden, um das Wasser effektiv aufzunehmen und weiterzuleiten.

## PLANUNG

Durch die bewusste Gestaltung der Höhenverhältnisse zwischen Wegen und Beeten sowie die Anlage geeigneter Gefälle können Sie die Wassernutzung in Ihrem Garten optimieren.
Machen Sie eine Bestandsaufnahme und überprüfen Sie die aktuellen Höhenunterschiede zwischen den Wegen und Beeten. Überlegen Sie, wie

*Das Wasser läuft von der Terrasse in das Beet.*

*Ziel: Wege erhöhen und/oder Beete absenken.*

viel höher der Weg liegen müsste, damit das Wasser nicht von den Beeten auf den Weg läuft.

## WEGE ERHÖHEN

Erhöhen Sie den Weg, indem Sie Erde oder anderes geeignetes Material auftragen. Vom einfachen Erdweg bis zum gepflasterten Weg ist alles möglich. Eine ungefähr 10 cm starke Schotterschicht ist in jedem Fall empfehlenswert, um eine stabile Basis zu schaffen.

## GEFÄLLE EINRICHTEN

Ein Quergefälle beschreibt die seitliche Neigung eines Weges quer zur Hauptlaufrichtung. Ohne Quergefälle würde das Wasser über lange Strecken auf dem Weg verbleiben und zu Erosionsschäden führen. Um dies zu verhindern, sollte das Wasser mithilfe des Quergefälles möglichst schnell vom Weg abgeleitet werden. Das Quergefälle sollte ca. 30:1 (1,9°) betragen. Bei breiteren Wegen ist es sinnvoll, das Wasser zu beiden Seiten hin abzuleiten.
Ein Längsgefälle beschreibt die Neigung eines Weges in seiner Verlaufsrichtung, also entlang der Wegachse. Je größer das Längsgefälle, desto schneller fließt das Wasser auf dem Weg abwärts. Dadurch können Ausspülungen auf dem Weg entstehen. Daher sollte das Wasser umso schneller durch das Quergefälle abgeleitet werden, je größer das Langsgefälle, also je steiler der Weg ist.

## WEGEINFASSUNGEN

Verwenden Sie Materialien wie Steine, Holzbohlen oder Metallprofile, um die erhöhten Wege von den Beeten abzugrenzen und ein Abrutschen des Materials zu verhindern. Bei Wegen aus Rindenmulch oder Hackschnitzeln sollte das Material etwas höher als die Randsteine aufgetragen werden, da es sich mit der Zeit setzt.

## WARTUNG

Überprüfen Sie regelmäßig, vor allem nach Starkregenereignissen, ob sich die Situation wie gewünscht verbessert hat. Ausspülungen auf den Wegen sind ein deutliches Zeichen dafür, dass nachgebessert werden sollte. Vermutlich ist in diesem Fall das Quergefälle zu klein und das Längsgefälle zu groß.

# SICKERLOCH

**Von der Fläche in die Tiefe: Sickerlöcher sind einfache, senkrechte Löcher, die in die Erde gebohrt und mit grobem Kies oder Sand verfüllt werden.**

Sickerlöcher sind eine einfache und sehr wirkungsvolle Methode, um auf einer Fläche wesentlich mehr Wasser zu versickern und Wasser im Boden zu speichern. Sie können Regenwasser aufnehmen und direkt ins Erdreich ableiten. Durch Sickerlöcher erhöht sich das Volumen des versickerbaren Wassers erheblich. Das Wasser kann schneller in die Tiefe geleitet werden als beispielsweise bei einer normalen Rasenfläche. So vermeiden Sie Pfützen, Erosion oder überlaufende Gräben, insbesondere bei starkem Regen. Da ein Sickerloch nur wenig Platz benötigt, ist es besonders in kleinen Gärten sehr hilfreich.

*Für die Verwendung eines manuellen Erdbohrers braucht es Muskelkraft.*

Sickerlöcher sind besonders nützlich an Stellen, an denen das Wasser stehen bleibt oder überläuft, wenn die obersten Bodenschichten verdichtet sind oder sich knapp unter der Oberfläche eine wasserundurchlässige Schicht befindet. In solchen Fällen kann Regenwasser nur schwer in den Boden eindringen. Sickerlöcher schaffen gezielte Wege in tiefere, besser durchlässige Erdschichten. So steht nicht nur die Oberfläche der Mulde oder Grube zur Verfügung, sondern das Wasser gelangt auch schneller und nachhaltiger in tiefere Bereiche des Bodens.

Der besondere Vorteil von Sickerlöchern besteht darin, dass Sie eine zusätzliche räumliche Dimension gewinnen. Anstatt nur an der Erdoberfläche anzusetzen und darauf zu hoffen, dass das Wasser dort versickert, können Sie es mit den Sickerlöchern direkt in die Tiefe leiten. Mit nur wenigen Sickerlöchern können Sie Ihre gesamte Regenwasserlenkung verbessern.

Sickerlöcher können zudem sehr gut zum Nachjustieren verwendet werden, wenn Regenwasser an bestimmten Stellen zu schnell abfließt oder sich Mulden oder Gräben bei starkem Regen zu schnell füllen und Sie diese entlasten möchten. Ein Sickerloch leitet das überschüssige Wasser direkt in den Boden, bevor es Schäden anrichten kann.

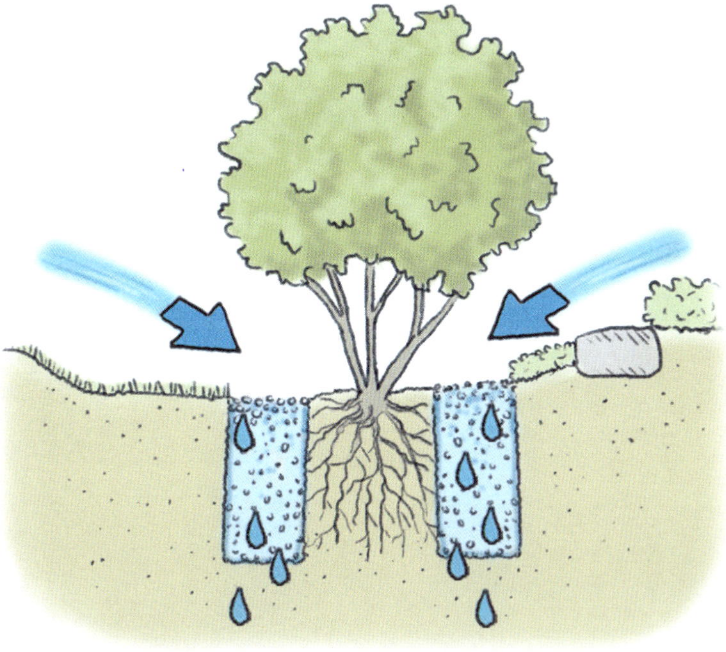

*Sickerlöcher können einzeln oder im Systemverbund verwendet werden.*

### SICKERLÖCHER MIT ANDEREN SYSTEM KOMBINIEREN

Sickerlöcher eignen sich für fast jedes Gelände und lassen sich wunderbar mit anderen Elementen kombinieren, beispielsweise mit Versickerungsmulden, Hügeln und Senken oder Höhenlinien-Gräben: Stellen Sie sich vor, Sie haben oben an Ihrem Grundstück einen Höhenlinien-Graben gebaut. Der Graben läuft aber schnell voll und könnte überlaufen. Hier helfen Sickerlöcher: Graben Sie einfach kleine, schmale Löcher. Ein Teil des Wassers kann so direkt in den Boden versickern, bevor der Graben überläuft. So entlasten Sie Ihr System und gewinnen gleichzeitig mehr Versickerungsfläche, ohne alles neu bauen zu müssen. Mehrere kleine Sickerlöcher sind oft besser als ein großes, da sich das Wasser so gleichmäßiger verteilt.

## ERDBOHRER

Zum Herstellen der Sickerlöcher benötigen Sie einen Erdbohrer. Den entstehenden Erdaushub können Sie an anderer Stelle verwenden. Die Bohrlöcher werden mit Kies verfüllt, beispielsweise in der Korngröße 16/32 mm. Es gibt viele unterschiedliche Arten von Erdbohrern. Sollte Ihr Boden jedoch sehr steinig oder gar felsig sein, sind die Möglichkeiten eines Erdbohrers eventuell stark beschränkt.

### MANUELLER ERDBOHRER

Diese Hand-Erdbohrer funktionieren ausschließlich mit Muskelkraft. Es handelt sich letztendlich um einen Schraubbohrer, der aus einer langen Spirale mit Schneidkante besteht, die an einem T-förmigen Quergriff montiert ist. Der Durchmesser des Erdbohrers beträgt 10 bis 15 cm. Größere Durchmesser sind nicht empfehlenswert, da der erforderliche Kraftaufwand bei der Anwendung enorm ansteigt. Die Länge des Erdbohrers beträgt in der Regel ca. 1 m. Es gibt aber auch Modelle mit Verlängerungsstange für bis zu 1,5 m oder mehr. Je nachdem, wie kräftig Sie sind, können Sie damit kleine Löcher bis zu einer Tiefe von ca. 1 m bohren. Die Arbeit ist jedoch anstrengend und die Bohrloch-Durchmesser sind meist ziemlich klein.

*Ein motorbetriebener Erdbohrer kann viel leisten, benötigt aber zum Halten einiges an Muskelkraft.*

Bei größeren Volumina oder schweren Lehmböden sollten Sie den Einsatz maschineller Unterstützung (z. B. ein motorisierter Erdbohrer) in Erwägung ziehen.

### MOTORBETRIEBENER ERDBOHRER

Im Baumaschinenverleih gibt es motorbetriebene Erdbohrer. Diese sind für die Benutzung durch ein oder zwei Personen gedacht.

## BAUANLEITUNG

**Passenden Platz suchen:** Suchen Sie einen Ort, an dem sich bei Regen Wasser sammelt – zum Beispiel in einem Höhenlinien-Graben, in einer Versickerungsmulde oder an einer tiefen Stelle im Garten.

**Bohren:** Setzen Sie den Erdbohrer senkrecht auf den Boden und drehen Sie ihn mit leichtem Druck im Uhrzeigersinn in die Erde. Ziehen Sie ihn nach ein paar Umdrehungen wieder heraus und entleeren Sie den Bohrer. Wiederholen Sie diesen Vorgang, bis Sie die gewünschte Tiefe erreicht haben. Mit einem Handbohrer können Sie in der Regel 0,5 bis 1 m tief bohren – je nach Bodenbeschaffenheit. Mit einem 2-Personen-Bohrer können Sie schneller und mit weniger Kraftaufwand Löcher von etwa 1 bis 1,5 m Tiefe und 20 und 30 cm Breite bohren, je nach Aufsatz. Das ist besonders praktisch bei festem Boden oder größeren Projekten.

**Mit Kies oder Sand befüllen (optional):** Wenn Ihr Sickerloch groß genug ist, können Sie das Loch mit Kies oder Sand befüllen. Das hilft, das Loch offen zu halten und verhindert, dass sich schnell Erde absetzt. Das Verfüllen mit Kies ist besonders sinnvoll bei Sickerlöchern in Gräben oder an stark frequentierten Stellen.

**Beobachten:** Verfolgen Sie bei Regen, ob das Wasser in das Sickerloch hineinfließt und langsam verschwindet. Wenn es überläuft oder das Wasser schlecht versickert, können Sie in direkter

*Sickerlöcher als gestalterisches Element*

## MATERIAL & WERKZEUG

- Zur Befüllung des Sickerlochs: Kies (16/32 mm) bei größerem Bohrlochdurchmesser (ca. 13–15 cm) bzw. Sand (0/2mm) bei kleineren Durchmessern (ca. 10–13 cm).
- Maßband oder Meterstab
- Eimer (für den Aushub)
- Spaten oder Schaufel – zum Nacharbeiten
- Beim motorbetriebenen 2-Personen-Erdbohrer (Benzin- oder Akkuantrieb, mit Bohrschnecke ausgestattet, Durchmesser 20 oder 25 cm, Baumaschinenverleih) zusätzlich eine Hilfsperson, denn es bedarf recht großer Körperkraft, um einen Erdbohrer bedienen zu können.

Umgebung noch mehrere weitere Sickerlöcher bohren. Sickerlöcher eignen sich daher sehr gut, um per „Feintuning" die Situation an kritischen Stellen zu verbessern.

## WARTUNG

**Sichtkontrolle:** Führen Sie einmal jährlich eine Sichtkontrolle durch. Prüfen Sie dabei, ob sich Wasser staut, da dies ein Hinweis auf Verstopfung oder verdichteten Boden sein kann.
**Pflege:** Entfernen Sie Laub, Schlamm oder Unrat von der Oberfläche. Kontrollieren Sie, ob sich Feinteile abgelagert haben. Harken Sie bei Bedarf die Oberfläche auf.
**Bei Starkregen oder anhaltender Staunässe:** Bringen Sie zusätzlich in der Umgebung des Sickerlochs weitere Sickerlöcher an. Da ein einzelnes Sickerloch sehr wenig Platz benötigt, können ergänzend sehr viele weitere Sickerlöcher gebohrt werden.

*„Sickerlöcher sind super geeignet für das Feintuning. Falls sich an einer Stelle zu viel Wasser ansammelt, können Sie dies mit einem oder mehreren Sickerlöchern kompensieren – entsprechend dem Prinzip ‚Versuch-und-Irrtum'."*

*Für eine naturnahe und klimafitte Gartengestaltung ist ein Teich mit Sickerzone ein besonders wichtiges Element.*

# TEICH MIT SICKERZONE

**Ein konventioneller Teich ist komplett mit Teichfolie abgedichtet; ein Teich mit Sickerzone hingegen ist zweigeteilt. Der untere Bereich ist mit Teichfolie abgedichtet. Im oberen Bereich, der sogenannten Sickerzone, gibt es hingegen keine Teichfolie. Hier kann das Wasser im angrenzenden Erdreich versickern.**

Ein Teich mit Sickerzone benötigt weniger Wassernachspeisung als ein herkömmlicher Teich. Bei einem normalen Gartenteich stellt die Oberkante der Teichabdichtung die permanente Wasserstands-Sollhöhe dar. Wenn in heißen Sommern viel Wasser aus dem Teich verdunstet, muss nachgespeist werden. Wenn Sie keine Zisterne haben und kein zwischengespeichertes Wasser verwenden können, müssen Sie dafür wertvolles Trinkwasser verwenden. Ganz anders beim Teich mit Sickerzone.
Er hilft, Regenwasser zu speichern. Der gesamte Sickerzonenbereich dient dazu, bei Regenereignissen Wasser aufzunehmen und es dann langsam an das umgebende Erdreich abzugeben. Je nach Größe der Sickerzone können hier eventuell große Wassermengen gespeichert werden. Die Sickerzone hat eine starke Pufferfunktion bei Starkregenereignissen, da das Wasser im Sickerzonenbereich zwischengespeichert werden kann.

## GRUNDPRINZIP

Der Teich gliedert sich in zwei Bereiche. Der innere Teichkern ist dauerhaft mit Wasser gefüllt und wasserdicht mit Teichfolie ausgekleidet. Dieser Bereich bleibt auch in trockenen Phasen wasserführend. Der äußere Randbereich, die sogenannte Sickerzone, besteht aus durchlässigem

Material wie grobem Kies, Sand oder lockerer Erde. Außerdem wird dieser Bereich mit wechselfeuchten Pflanzen bepflanzt. Hier kann überschüssiges Regenwasser langsam versickern und das umliegende Erdreich durchfeuchten.
Ein Teich mit Sickerzone schafft somit ein attraktives, ökologisch wirksames Element im Garten: Er speichert Niederschläge, verbessert das Mikroklima, entlastet die Kanalisation und schafft gleichzeitig wertvollen Lebensraum für Pflanzen und Tiere. Durch die Kombination aus Wasserrückhalt und kontrollierter Versickerung trägt er zur Regenwasserspeicherung und Grundwasserneubildung bei.

## VORTEILE

Gerade wenn es um die Zwischenspeicherung und Versickerung von Regenwasser geht, hat ein Teich mit Sickerzone deutlich mehr zu bieten als ein konventioneller Gartenteich. Der gesamte Sickerbereich dient als Pufferzone: Bei Starkregen steigt der Wasserstand über den mit Folie abgedichteten Teil hin an. So speichert der Teich Wasserspitzen ab.
Ein Teich mit Sickerzone speichert Wasser in feuchteren Zeiten und gibt es in trockenen Perioden langsam wieder ab. Damit wirkt er kleinräumig klimaregulierend und hilft Pflanzen im Garten, Trockenphasen besser zu überstehen. Die Sickerzone, die oft mit Kies, Sand oder speziellen Pflanzen gestaltet ist, hilft dabei, Wasser zu reinigen und Überschwemmungen zu vermeiden. Das an die Sickerzone angrenzende Erdreich wird mit Wasser versorgt. Dies hilft, das Mikroklima zu verbessern, da durch die Verdunstung an heißen Tagen für angenehme Kühle gesorgt wird. Der Teich mit Sickerzone hilft auch dabei, das Grundwasser aufzufüllen, indem er Wasser speichert, das nicht mehr von Pflanzenwurzeln nach oben befördert wird. Er kann aber auch Lebensraum schaffen: Amphibien, Libellen und viele nützliche Insekten profitieren davon.
Bei einem Teich mit Sickerzone kann eine gelegentliche Wasserzugabe nötig sein, um ein Trockenfallen zu verhindern. Die benötigte Wassermenge ist jedoch viel geringer als bei einem konventionellen Teich.

## VORAUSSETZUNGEN

Teiche mit Sickerzonen sind für ebene Flächen oder sehr geringe Hangneigungen geeignet. Die Gesamttiefe sollte mindestens 60 cm betragen, wobei 40 cm auf die abgedichtete Teichzone und 20 cm auf die nicht abgedichtete Sickerzone entfallen. Die absoluten Mindestabmessungen in der Aufsicht sollten 2 x 3 m nicht unterschreiten. Natürlich sind deutlich größere Abmessungen vorteilhaft: Ab 80 cm Tiefe ist der Teich frostfrei und ab 1,5 m Tiefe ist er wesentlich weniger der Überhitzung im Sommer ausgesetzt.

*Ein Teich mit Sickerzone speichert Wasser, ein konventioneller Teich verbraucht Wasser.*

## BAUANLEITUNG

**1. Standort wählen:** Suchen Sie eine von Natur aus tiefere Stelle in Ihrem Garten oder eine sanfte Mulde. Ideal ist ein Platz, an dem Regenwasser zusammenfließt. Überlegen Sie, wie die Wasserversorgung des Teiches aussehen könnte. Befindet sich in der Nähe vielleicht ein Fallrohr, von dem Sie über einen Regensammler Wasser abzweigen können?

**2. Teichgrube ausheben:** Heben Sie eine Grube mit einer Tiefe von mindestens 60 cm aus. Ein deutlich tieferer Teich hat viele Vorteile. Ideal ist ein terrassierter Aufbau mit unterschiedlich tiefen Zonen – etwa eine flache Sumpfzone, eine mitteltiefe Pflanzzone und eine tiefere Wasserzone. So entsteht ein ökologisch vielfältiger Teich, der sich besser in den Garten einfügt, weniger Erosion verursacht und eine natürliche Ufervegetation ermöglicht.

**3. Untergrund vorbereiten:** Entfernen Sie alle spitzen Steine und Wurzeln. Verdichten Sie den Boden leicht mit einem Stampfer, vor allem im Bereich der späteren Folie. Bedenken Sie schon im Vorfeld, wo der mit Folie abgedichtete und der nicht abgedichtete Bereich aufeinandertreffen.

**4. Teichfolie und Schutzvlies verlegen:** Legen Sie zuerst ein Schutzvlies in die Grube, um die Teichfolie vor spitzen Steinen oder Wurzeln zu schützen. Danach verlegen Sie die Teichfolie, idealerweise aus EPDM (synthetischer Kautschuk). Verlegen Sie die Folie locker und nur bis zu der definierten Kante des folienabgedichteten Bereichs. Schneiden Sie die Teichfolie auf der richtigen Höhe ab. Ein weiterer Vorteil: EPDM-Folie ist vollständig recycelbar und enthält keine umweltschädlichen Weichmacher. Sie bleibt über Jahrzehnte elastisch und ist damit eine nachhaltige und langlebige Lösung für naturnahe Gartenteiche.

**5. Sickerzone anlegen:** Füllen Sie oberhalb der Folie eine Drainageschicht aus Kies (16/32 mm) ein. Diese Schicht sollte eine Dicke von 15 cm bei sandigem Boden, bis 30 cm bei sehr lehmigem Boden aufweisen. Darauf folgt eine mindestens 10- bis 15 cm dicke Filter- bzw. Pflanzschicht aus gewaschenem Sand bzw. Feinkies (0/8 mm). Kies und Sand bilden zusammen die Sickerzone, in der überschüssiges Wasser langsam versickert. Der Übergang vom Folienteich zum Sickerteich sollte flach gestaltet werden.

**6. Überlauf mitdenken, evtl. formen und modellieren:** Je nachdem wie groß Ihr Teich mit Sickerzone ist, kann er vielleicht das gesamte anfallende Wasser aufnehmen. Ansonsten könnte er aber auch nur eine Durchlaufstation für das Wasser sein. Daher sollte der Aspekt „Überlauf" auch bei einem Teich mit Sickerzone berücksichtigt werden, damit das Wasser gegebenenfalls rechtzeitig abgeleitet wird und keinen Schaden durch unkontrolliertes Überlaufen verursacht.

**7. Teich befüllen und beobachten:** Befüllen Sie den Teich bis etwa 10 cm über dem Rand der Folie mit Wasser. Das Wasser sollte recht schnell bis zum Folienrand absinken, dort aber stehen bleiben. Wenn dies der Fall ist, wissen Sie, dass die Teichfolie dicht ist.

*Tipp*

### TEICHFOLIE

Verwenden Sie am besten EPDM-Teichfolie. EPDM ist eine synthetische Kautschukfolie. Sie ist sehr langlebig (30 bis 50 Jahre). Außerdem ist sie elastisch und flexibel, sodass sie sich auch bei unregelmäßigen Formen gut an den Untergrund anschmiegt. Sie ist UV- und witterungsbeständig und kleine Schäden lassen sich leicht flicken. Nach der Nutzung kann sie recycelt werden.

*Ein Teich mit Sickerzone kann sehr viel Wasser zwischenspeichern.*

Hechtkraut (*Pontederia cordata*)

*Zwerg-Seerose – ein echter Hingucker*

**8. Pflanzen einsetzen:** Was die Bepflanzung angeht, hat die Sickerzone eine völlig andere Ausgangssituation als eine Teichbepflanzung. Anstelle einer dauerhaft unter Wasser stehenden Uferzone haben wir bei der Sickerzone eine wechselfeuchte Zone. Wir benötigen also Pflanzen, die sowohl sehr trockene als auch sehr feuchte Phasen gut aushalten. Pflanzen, die diese Anforderungen erfüllen, gibt es mehr als genug, denn ein solcher wechselfeuchter Standort kommt in der Natur recht häufig vor. Je nach Wassertiefe können Sie Wasserpflanzen in die dauerhaft unter Wasser stehende Teichzone setzen, zum Beispiel Seerosen oder Froschlöffel. In der Sickerfläche des Teiches werden robuste Stauden und Gräser für wechselfeuchte Standorte gepflanzt wie Sumpfdotterblu-

## WASSERPFLANZEN FÜR **TEICHE MIT SICKERZONE**

| WASSERPFLANZEN | BLÜTENFARBE | BLÜTEN-MONATE | WUCHSHÖHE IN M | STANDORT |
|---|---|---|---|---|
| Schwanenblume<br>*Butomus umbellatus* | rosa | 6–8 | 0,60–1,20 | sonnig |
| Hornblatt<br>*Ceratophyllum demersum* | – | – | Unterwasser-pflanze | sonnig bis halbschattig |
| Tannenwedel<br>*Hippuris vulgaris* | unscheinbar | 5–7 | 0,10–0,40 | sonnig bis halbschattig |
| Froschbiss<br>*Hydrocharis morsus-ranae* | weiß-gelblich | 5–8 | 0,00–0,05 (Schwimmpflanze) | sonnig bis halbschattig |
| Zwerg Seerose<br>*Nymphaea* 'Pygmaea Helvola' | gelb | 6–9 | 0,05–0,10 | sonnig |
| Hechtkraut<br>*Pontederia cordata* | violettblau | 7–9 | 0,50–1,00 | sonnig |

men, Schwertlilien oder Seggenarten. Diese Pflanzen halten sowohl kurzzeitige Trockenheit als auch zeitweise Überschwemmungen gut aus – ideal für den wechselfeuchten Charakter der Zone. Die Oberfläche der Sickerzone können Sie optional mit 2 bis 3 cm Feinkies abdecken.

## WARTUNG

**Bauwerks- und Funktionskontrolle:** Prüfen Sie nach Starkregenereignissen den Wasserstand. Ist der Teich randvoll oder übergelaufen, kontrollieren Sie die Sickerzone. Achten Sie auf Erosionsschäden am Rand und bessern Sie diese mit Kies oder Pflanzen aus.

**Regelmäßige Inspektion:** Der Teich sollte mindestens viermal jährlich kontrolliert werden. Achten Sie dabei auf Wassertrübung, Algenwuchs und Zustand des Ufers.

**Zu- und Abflüsse:** Reinigen Sie Zuläufe und Überläufe regelmäßig von Laub und Ablagerungen. Der Überlauf muss bei hohem Wasserstand funktionsfähig bleiben.

**Bodenpflege:** Entfernen Sie im Frühjahr oder Herbst Schlamm aus der Sickerzone. Lockern Sie bei Bedarf den Kiesboden vorsichtig auf, um die Versickerung zu gewährleisten.

### MATERIAL & WERKZEUG

- Teichfolie (EPDM) – für den unteren Bereich
- Schutzvlies (300g/m²)– unter der Folie, damit Steine sie nicht beschädigen
- Kies 16/32 mm und Sand 0/8 mm – für die Sickerzone
- Steine – für die Bedeckung des Folienbereiches und des Ufers
- Pflanzen – für die Teichzone und die wechselfeuchte Zone
- Spaten oder Schaufel
- Schubkarre
- Maßband oder Meterstab
- Markierspray (Kreidespray nur für kurzfristige Markierungen)
- Wasserwaage und Setzlatte oder Schlauchwaage
- Gummihammer
- Handstampfer – für das Verdichten des Bodens
- ggf. Bagger/Baumaschinen

**Pflanzenpflege:** Schneiden Sie bei Bedarf Ufer- und Wasserpflanzen zurück. Entfernen Sie abgestorbene Pflanzenteile und übermäßige Algen. Pflanzen Sie bei Bedarf nach, um die Filterfunktion zu unterstützen.

**Saisonpflege:** Im Frühjahr stehen Reinigung und Neupflanzung an. Im Sommer sollte geprüft werden, ob der Wasserspiegel unter die Oberkante der Folienabdichtung absinkt. Bei großer Hitze geschieht dies durch die Verdunstung, Sie sollten dann Wasser nachfüllen. Im Herbst liegt der Fokus auf Rückschnitt und Laubentfernung. Im Winter sollten Sie die Überläufe freihalten.

**Pflegeaufwand:** Ein Teich mit Sickerzone erfordert saisonale Pflege und regelmäßige Kontrollen, besonders im Frühjahr und Herbst.

*Gewöhnlicher Blutweiderich und Mädesüß*

*Sumpfdotterblume (Caltha palustris)*

## PFLANZEN FÜR **WECHSELFEUCHTE BEREICHE AM TEICHRAND**

| WASSERPFLANZEN | BLÜTENFARBE | BLÜTEN-MONATE | WUCHSHÖHE IN M | STANDORT |
|---|---|---|---|---|
| Sumpf-Dotterblume<br>*Caltha palustris* | gelb | 4–6 | 0,30–0,40 | sonnig bis halbschattig |
| Echtes Mädesüß<br>*Filipendula ulmaria* | cremeweiß | 6–8 | 0,80–1,50 | sonnig bis halbschattig |
| Gelbe Schwertlilie<br>*Iris pseudacorus* | gelb | 5–6 | 0,80–1,00 | sonnig |
| Kuckucks-Lichtnelke<br>*Lychnis flos-cuculi* | rosa | 5–7 | 0,40–0,80 | sonnig bis halbschattig |
| Gewöhnlicher Blutweiderich<br>*Lythrum salicaria* | purpur | 6–9 | 0,80–1,20 | sonnig bis halbschattig |
| Sumpf-Vergissmeinnicht<br>*Myosotis palustris* | himmelblau | 5–8 | 0,20–0,40 | sonnig bis halbschattig |
| **GRÄSER** | | | | |
| Scharfkantige Segge<br>*Carex acutiformis* | bräunlich-grün | 5–6 | 0,50–1,20 | sonnig bis halbschattig |
| Rasen-Schmiele<br>*Deschampsia cespitosa* | gelb | 6–9 | 0,60–1,50 | sonnig bis halbschattig |
| Flatter-Binse<br>*Juncus effusus* | unscheinbar, grün-lich-braun | 6–8 | 0,60–1,20 | sonnig bis halbschattig |

*Rosa blühende Kuckucks-Lichtnelke*

*Spiegelglattes Wasser wirkt beruhigend.*

# TERRASSE MIT STÜTZMAUER

**Eine künstlich angelegte, ebene Fläche mit einer Mauer, die den Höhenunterschied abfängt, eignet sich besonders bei ausgeprägten Hanglagen. Eine einfache Böschung beansprucht häufig zu viel Platz und ist weniger stabil.**

Eine Terrasse mit Trockenmauer ist die richtige Wahl, wenn Sie einen Hanggarten mit starker Neigung haben. Sie ermöglicht es, auch an steilen Hängen nutzbare, ebene Flächen zu schaffen. Dadurch gewinnen Sie wertvollen Raum für Gemüsebeete, Aufenthaltsbereiche oder Pflanzflächen. Mit der richtigen Ausführung schaffen Sie eine stabile Fläche, die Regenwasser aufnehmen und Erosion verhindern kann.
Im Gegensatz zu Terrassen ohne Stützmauer benötigen sie weniger Platz, da sie nicht durch flache Böschungen abgesichert werden müssen. So lassen sich auch auf engem Raum mehrere Terrassen anlegen – ideal für kleine oder stark geneigte Grundstücke. Trockenmauern benötigen in den allermeisten Fällen keine Drainagerohre, da das Wasser durch die Fugen abfließen kann. Das verhindert Staunässe und reduziert den Druck auf die Mauer.

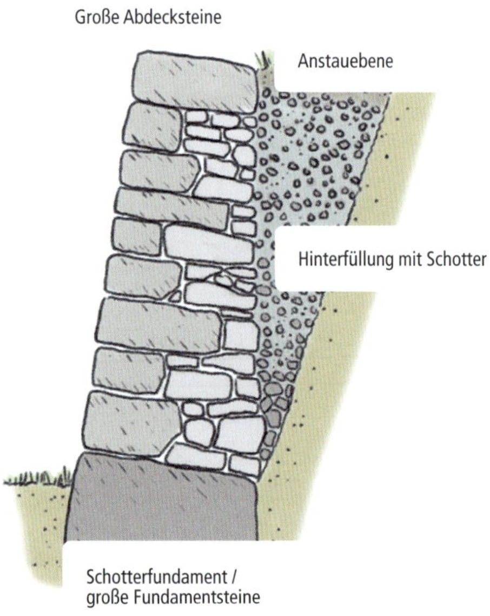


*Trockenmauern sind gut geeignet für Hangneigungen bis 2:1.*

## VORAUSSETZUNGEN

Terrassen mit Stützmauern sind für Hangneigungen bis 2:1 (26,6°) geeignet. Sie schaffen nutzbare Ebenen in steilen Gärten, sind jedoch baulich deutlich aufwendiger als einfache Geländeformen: Sie erfordern sorgfältiges Arbeiten, hochwertige Materialien und ein Gespür für Statik und Wasserführung.

### STATIK UND SICHERHEIT

Bevor Sie mit dem Bau beginnen, klären Sie die rechtlichen Vorgaben bei der zuständigen Baubehörde. Stützmauern verändern die Statik des Geländes. Eine unsachgemäße Bauweise kann besonders bei instabilen Böden oder bei Tonschichten im Boden gefährlich sein.
Wenn Sie eine Terrasse mit Stützmauer bauen möchten, empfiehlt es sich, bei Unsicherheiten fachlichen Rat einzuholen, beispielsweise bei einem Garten- und Landschaftsbauer oder Bauberater. Je nach Größe des Projekts stoßen Sie mit reiner Muskelkraft schnell an Ihre Grenzen. Vor allem bei umfangreichen Erdarbeiten oder dem Setzen schwerer Steine sind ein Minibagger, eine Rüttelplatte oder andere Baumaschinen sehr hilfreich oder sogar unerlässlich.
Trockenmauern bis ca. 60 cm Höhe lassen sich oft selbst bauen und können gleichzeitig als Sitzmauer dienen. Höhere Mauern sind anspruchsvoll und erfordern handwerkliches Können. Holen Sie in die-

*Trockenheitsverträgliche Staude: Sonnenröschen (Helianthemum nummularium)*

sem Fall unbedingt eine fachliche Prüfung und gegebenenfalls eine Statik ein. Bei hohen Mauern wird die Planung durch ein erforderliches Bodengutachten und den Standsicherheitsnachweis (Statik) recht schnell aufwendig und teuer.
Die Errichtung erfordert eine präzise Planung und viel Erdbewegung. Bei größerem Umfang kann sie nur schwer per Handarbeit ausgeführt werden, oft ist der Einsatz von Baggern und Maschinen nötig. Das von hangaufwärts zufließende Wasser muss beim Bau berücksichtigt und gelenkt werden.
Achten Sie beim Bau auf geeignete, kantige Natursteine (mindestens 20 x 30 cm), keine runden Kiesel. Flache, stabile Schichtsteine lassen sich schneller und sicherer verbauen. Ab einer Mauerhöhe von 50 cm sollten Sie Verbindersteine einsetzen, die quer zur Mauer verlaufen und die Stabilität erhöhen.

## SICKERFÄHIGKEIT

Die Sickerfähigkeit hinter der Mauer ist wichtig: Verwenden Sie Schotter als Hinterfüllung. Die

*Mit Trockenmauern können Gartenräume großartig in der Höhenlage gestaffelt werden.*

*Mauerverlauf höhenabgestuft*

*Mauern und Treppen als harmonische Einheit*

oberste Steinreihe kann leicht erhöht werden, um eine sogenannte Anstau-Ebene zu schaffen. Diese hilft, Regenwasser gezielt zurückzuhalten.
Die stufenförmige Struktur mehrerer Terrassen unterstützt die Versickerung, schützt vor Erosion und macht das Gelände besser nutzbar. Je steiler der Hang, desto kleiner und dichter sollten die Terrassen angelegt werden, um Wasserschäden zu vermeiden. Auch bei der Terrasse mit Stützmauer sollte an einen Überlauf gedacht werden. Hier gelten dieselben Regeln wie bei Hügeln und Senken (siehe S. 64).

## BAUANLEITUNG

**1. Standort prüfen und planen:** Wählen Sie einen Bereich mit maximal 2:1 Hangneigung (2 m horizontal zu 1 m Höhenunterschied). Steilere Hänge sind möglich, sollten aber nur mit entsprechender Fachkenntnis bearbeitet werden. Prüfen Sie außerdem den Boden: Lehmige oder tonige Böden neigen zu Staunässe – in solchen Fällen ist besondere Vorsicht geboten. Planen Sie die Größe und den Verlauf Ihrer Terrasse sowie die Lage der Trockenmauer.
**2. Oberboden abtragen:** Tragen Sie die oberste Erdschicht inklusive Rasennarbe (ca. 20 bis 30 cm) ab und lagern Sie diese in der Nähe. Diese fruchtbare Erde wird später wieder aufgebracht.
**3. Hang abtragen und Fläche ebnen:** Graben Sie sich in den Hang ein und formen Sie eine waagerechte Fläche. Verwenden Sie das ausgehobene Material, um den unteren Terrassenbereich aufzufüllen (Mengenausgleich). So entsteht Ihre ebene Terrassenfläche. Achten Sie darauf, dass oberhalb und unterhalb der Terrasse keine zu steilen Übergänge entstehen, die Neigung sollte maximal 3:1 betragen.
**4. Graben für die Mauer ausheben:** Markieren Sie den Mauerverlauf mit einer Schnur. Heben Sie entlang dieser Linie einen Graben aus, der ca. 30 bis 40 cm tief und ca. 20 cm breiter als die geplante Mauer ist. Entfernen Sie lockere Erde,

### *Tipp*

**TROCKENMAUERN**

Hier wird ausschließlich der Bau von Trockenmauern besprochen. Betonmauern oder mit Mörtel aufgebaute Mauern werden nicht behandelt. Niedrige Trockenmauern (ohne Mörtel) sind relativ einfach zu bauen, wasserdurchlässig und bieten Lebensraum für Tiere und Pflanzen. Zudem gleichen sie leichte Bewegungen des Bodens aus. Sie benötigen keine frostfreie Gründung.

*Trockenmauern schaffen höhenversetzte Beete.*

## MATERIAL & WERKZEUG

- Natursteine – Hauptbaumaterial für die Trockenmauer, ideal mit kantiger Form und flacher Auflage (ca. 0,40 $m^3/m^2$ Mauerfläche)
- Schotter (0–32 mm) – Drainage- und Tragschicht unter und hinter der Mauer für Stabilität und Wasserabfluss
- Kleinere Steine – zum Verfüllen von Fugen, Hinterfüllen der Mauer und Stabilisieren der Steinlage
- Saatgut (Kräuterrasen/Blumenwiese) oder Pflanzen (Stauden/Kleinsträucher)
- Spaten
- Spitzhacke
- Markierspray (Kreidespray eignet sich nur für kurzfristige Markierungen)
- Wiedehopf-Hacke
- Kelle/Handschaufel
- Schubkarre
- Gummihammer
- Wasserwaage
- Richtschnur mit Fluchthölzern oder Metallstäben
- Handstampfer (oder schwerer Holzklotz)
- Maßband oder Meterstab
- Eimer
- Fäustel und Meißel (Steinhammer/Spaltkeil)
- Schneidegerät (Flex mit Steinscheibe) – optional, für das passgenaue Zuschneiden von Steinen

Wurzeln und Steine. Verdichten Sie den Grabenboden sorgfältig.

**5. Schotterfundament/Fundamentsteine einbauen:** Füllen Sie 20 bis 25 cm Schotter (Körnung 0/32 oder 0/45) in den Graben. Verdichten Sie das Material gut mit einem Stampfer. Das Fundament sorgt für Entwässerung und verhindert Frostschäden.

Bei niedrigen Mauern benötigen Sie kein besonders groß dimensioniertes Schotterfundament. Etwas Schotter ist immer gut, um die erste Steinreihe sauber auszurichten, aber ansonsten können Sie bei niedrigen Mauern gleich die erste Steinreihe (große Fundamentsteine) setzen: Verwenden Sie große, flache Steine. Diese werden einer Neigung von 10:1 (5,7°) bis 6:1 (9,5°) zum Hang gesetzt. Die Steine müssen stabil aufliegen und dürfen nicht kippeln.

**6. Weitere Reihen aufbauen:** Bauen Sie die Mauer im sogenannten „Verband" auf, d. h. versetzt wie bei einem Ziegelmauerwerk. Verwenden Sie kleine Keilsteine und Füllmaterial, um Lücken zu schließen. Achten Sie auf Stabilität und eine gleichmäßige Rückneigung. Vermeiden Sie Kreuzfugen. Die Mauer sollte ohne fachliche Begleitung nicht höher als 60 cm werden!

**7. Verbindersteine einsetzen:** Setzen Sie alle zwei bis drei Lagen sogenannte Verbindersteine ein. Diese Steine verlaufen quer zur Mauer – von der Vorder- zur Rückseite. Sie verbinden die Wand statisch und erhöhen die Stabilität deut-

## PFLANZEN FÜR **TERRASSEN MIT STÜTZMAUERN**

| STAUDEN | BLÜTENFARBE | BLÜTEN-MONATE | WUCHSHÖHE IN M | STANDORT |
|---|---|---|---|---|
| Kartäuser-Nelke *Dianthus carthusianorum* | purpurrot | 6–9 | 0,25–0,50 | sonnig |
| Sonnenröschen *Helianthemum nummularium* | zitronengelb bis gelb; Sorten in Rottönen | 5–9 | 0,10–0,30 | sonnig |
| Dost *Origanum vulgare* | rosa | 7–9 | 0,30–0,40 | sonnig |
| Scharfer Mauerpfeffer *Sedum acre* | gelb | 6–8 | 0,05–0,15 | sonnig bis absonnig |
| Sechskant-Fetthenne *Sedum sexangulare* | gelb | 6–7 | 0,05–0,15 | vollsonnig |
| Sand-Thymian *Thymus serpyllum* | rosa | 6–9 | 0,10–0,15 | vollsonnig |
| **GRAS** | | | | |
| Schafschwingel *Festuca ovina* | grün-braun | 7–8 | 0,10–0,40 | sonnig bis halbschattig |

lich. Dies ist besonders bei Hangdruck entscheidend.

**9. Rückseite hinterfüllen:** Hinterfüllen Sie jede fertige Mauerreihe mit grobem Schotter oder Kies. Stampfen Sie das Material an. So verhindern Sie Wasserstau hinter der Mauer und reduzieren Frostschäden. Die Hinterfüllung sollte mindestens bis zum oberen Rand reichen. Bei höheren Mauern sollten Sie außerdem auch schon Erde hinter dem Schotter aufbringen.

**10. Obere Steinreihe gestalten:** Die oberste Steinlage bildet die sogenannte Abdeckschicht. Verwenden Sie hierfür besonders große und stabile Steine. Diese Reihe kann etwa 20 cm höher liegen als das Terrassenniveau. So entsteht eine Anstau-Ebene, die Regenwasser zurückhält. Schütten Sie hinter der obersten Mauerreihe keilförmig etwas Erde oder Schotter (Körnung 0–32 mm) an. Die maximale Wasserhöhe auf der Fläche sollte dabei 12 cm nicht überschreiten.

**11. Überlauf einbauen:** Um zu verhindern, dass bei Starkregen Wasser unkontrolliert abfließt, sollten Sie einen oder zwei Überläufe an den Terrassenenden anbringen, also dort, wo die Mauer in die Hangböschung übergeht. Der Überlauf entspricht der unter Hügel und Senken beschriebenen Art und Weise (siehe S. 64).

**12. Oberboden aufbringen und begrünen:** Wenn die Mauer steht, bringen Sie den zuvor gelagerten Oberboden auf der Terrassenfläche auf. Nun können Sie die Fläche ansäen, bepflanzen oder für andere Zwecke nutzen.

## WARTUNG

**Bauwerks- und Funktionskontrolle:** Kontrollieren Sie Mauer und Terrasse nach starken Regenfällen: Achten Sie auf Wasseraustritte, Risse oder Erdablagerungen an der Mauerfront. Prüfen Sie außerdem die Terrassenfläche auf kleine

## *Tipp*

**FAZIT**

Eine Terrasse mit Stützmauer kann Ihre Hangfläche in ein funktionales und gestalterisch reizvolles Gartensystem verwandeln. Sie erfordert jedoch eine sorgfältige Planung, eine stabile Bauweise und je nach Höhe fachlichen Rat – insbesondere bei starkem Gefälle oder instabilem Boden.

Senken nahe der Mauer. Diese könnten auf Unterspülung hinweisen und sollten umgehend mit Erde aufgefüllt werden.

**Regelmäßige Inspektion:** Zweimal jährlich sollten Sie die Mauer auf Schäden prüfen: Achten Sie dabei auf lockere oder verrutschte Steine, eine Neigung der Wand oder lose Füllsteine in den Fugen, denn all das sind Warnzeichen. Setzen Sie bei Bedarf Steine neu ein oder bessern Sie die Mauer mit geeignetem Material aus.

**Zu- und Abflüsse prüfen:** Stellen Sie sicher, dass Überläufe das Wasser zuverlässig ableiten. Reinigen Sie verstopfte Öffnungen und verhindern Sie, dass Wasser unkontrolliert über die Mauerkrone läuft.

**Bodenpflege:** Entfernen Sie angeschwemmtes Erdmaterial vor der Mauer und verwenden Sie es zur Auffüllung auf der Terrasse oder hinter der Mauer. Halten Sie auch die Oberfläche frei von Schlamm.

**Pflanzenpflege:** Mähen Sie die Terrasse regelmäßig und halten Sie Pflanzen an der Mauer kompakt. Tiefwurzelnde Pflanzen sollten nicht direkt an der Mauer stehen. Schneiden Sie überwuchernde Mauerpflanzen rechtzeitig zurück.

**Saisonpflege:** Im Frühjahr das Mauerwerk auf Frostschäden prüfen. Drainagen und Terrassenfläche reinigen. Abgestorbene Pflanzen ersetzen. Im Herbst Laub und Pflanzenreste entfernen. Überläufe freihalten. Pflanzen zurückschneiden. Im Winter Mauer nach Tauwetter beobachten. Größere Eingriffe auf das Frühjahr verschieben.

**Pflegeaufwand:** Moderat, aber regelmäßig nötig.

*Sechskant-Fetthenne*

*Sand-Thymian*

*Kleine Mauer als Einfassung*

*Mauerkronen sind trockene Standorte.*

*Steine in Wasserläufen verhindern Erosion. Erdpartikel werden vom Wasser leicht gelöst und mitgeführt. Bei Steinen schafft das Wasser das nicht.*

# ÜBERLAUF: EIN-STEIN-DAMM

**Eine einfache und effektive Methode, um Wasser in einem Graben oder in einer kleiner Rinne gezielt abzubremsen und kontrolliert hangabwärts zu leiten, ohne dabei Erosion zu verursachen. Ein Ein-Stein-Damm legt dem Wasser „Steine in den Weg", sodass es langsamer fließt und besser versickern kann.**

Wasser, das ungebremst den Hang hinunterläuft, kann Schäden anrichten: Es reißt Boden mit, bildet Erosionsrinnen und nimmt wertvolle Nährstoffe mit. Ein Damm wirkt dem entgegen, wie ein natürliches Hindernis, das die Fließgeschwindigkeit des Wassers senkt und es sanft in den Boden ableitet – ganz einfach, ohne Technik oder Beton. Die Erosionskraft des Wassers wird gemindert, die Versickerung gefördert. Besonders bei starkem Regen oder an Hängen schützt ein Ein-Stein-Damm die Bodenstruktur nachhaltig: Wenn Wasser langsam fließt, kön-

nen sich Bodenpartikel absetzen, statt fortgespült zu werden. Das stabilisiert das Gelände langfristig. Das Wasser wird dem Boden langsam zugeführt und besser im Gelände gehalten. Das verbessert die Bodenfeuchte und stützt das lokale Wassersystem, was in Trockenphasen von großem Vorteil ist.
Der Ein-Stein-Damm kann eine äußerst wirkungsvolle Aufgabe im Wasserhaltesystem Ihres Gartens übernehmen. Er ist oft ist das Bindeglied zwischen einzelnen Wasserhalte-Elementen, beispielsweise zwischen einer Versickerungsmulde und einer tiefer liegenden Rasenfläche: Er transportiert das Wasser von einem Halte-Element zum nächsten.

## DÄMME KOMBINIEREN

Die Wirkung des Damms ist nicht auf eine einzelne Stelle beschränkt. Durch die Kombination mehrerer Dämme in Serie lässt sich das Gefälle in Abschnitten regulieren. Jeder Damm übernimmt dabei einen Teil der Arbeit, sodass das Wasser Stufe für Stufe gebremst, verteilt und versickert wird. Ein-Stein-Dämme eignen sich daher besonders gut für wasserlenkende Systeme in regenreichen oder erosionsgefährdeten Gärten.

## VORAUSSETZUNGEN

Ein-Stein-Dämme sind für Hangneigungen bis 4:1 (14°) geeignet. Sie werden quer zum Hang gebaut. Das Längsgefälle des Ein-Stein-Damms kann dabei von 100:1 (0,6°) bis 16,7:1 (3,4°) betragen.
**Wichtig:** Der höchste Punkt des Damms liegt in der Mitte (Überlauf). Direkt dahinter bauen Sie eine stabile Abflussrampe aus Steinen. Danach kann das Wasser wieder auf Grabenniveau fließen. Bei starkem Gefälle setzen Sie mehrere Ein-Stein-Dämme in Serie.

## BAUANLEITUNG

Der Damm besteht aus einer einzigen Lage unterschiedlich großer Steine, die quer zur Fließrichtung eingesetzt werden und das Wasser verlangsamen, ohne es vollständig zu blockieren. Dadurch wird Erosion verhindert, die Bodenfeuchtigkeit verbessert und die Wasseraufnahme im Boden gefördert.
**1. Graben vorbereiten:** Wenn noch kein Graben vorhanden ist, legen Sie einen leicht geneigten Graben mit einem Gefälle von 1 bis 2 cm pro Meter an. Der Graben soll das Regenwasser auffangen und langsam weiterleiten.

*Der Ein-Stein-Damm wird aus nur einer Reihe Steine unterschiedlicher Größe gefertigt.*

**MATERIAL & WERKZEUG**

- Natursteine – hand- bis kopfgroß
- Maßband oder Meterstab
- Spaten oder Schaufel
- Markierspray (Kreidespray geht nur für kurzfristige Markierungen)
- Hacke oder Wiedehopfhacke – zum Lösen von hartem Boden oder zum Entfernen von Wurzeln
- Gummihammer
- Wasserwaage oder Schlauchwaage – um den Verlauf des Grabens oder das Überlaufniveau zu prüfen

*Die heimische Acker-Witwenblume (Knautia arvensis) verträgt es wechselfeucht.*

**2. Stelle für den Damm auswählen:** Wählen Sie eine Stelle im Graben aus, an der Sie das Wasser bremsen oder umlenken möchten. Mögliche Stellen sind beispielsweise vor einer Kurve im Graben, vor einem Hangabfall oder Übergang zu tieferem Gelände, vor einem kleinen Teich, einem Gartenbeet oder einer Mulde.

**3. Steine setzen:** Die Steine werden quer zur Fließrichtung gesetzt. In der Mitte platzieren Sie die größten Steine, da hier der Wasserdruck am höchsten ist. An den Rändern werden kleinere Steine verwendet. Die Steine werden halb eingegraben und mit dem Gummihammer festgeklopft, sodass sie stabil liegen und nicht vom Wasser unterspült werden können. Der Damm sollte in der Mitte etwas niedriger und zu den Seiten hin leicht ansteigend sein, damit das Wasser mittig überströmt und nicht an den Rändern vorbeispült. Die Steine sollten eng aneinanderliegen, ohne größere Lücken. Das Wasser darf langsam hindurch- oder darüberfließen. Auf der Talseite formen Sie eine sanft geneigte Steinrampe. So fließt das Wasser kontrolliert ab, ohne Schäden anzurichten. Je nach Gefälle können Sie die Steine am Dammende tiefer in den Boden einarbeiten, um die Standfestigkeit zu erhöhen.

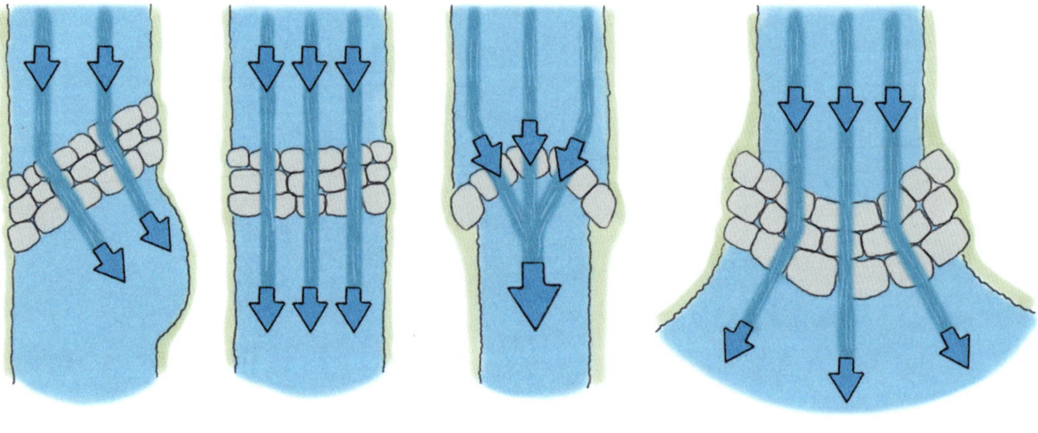

*Wasser fließt rechtwinklig zum Untergrund (also zu den Höhenlinien). Es folgt immer dem steilsten Gefälle.*

**4. Weitere Dämme setzen (optional):** Setzen Sie entlang des Grabens weitere Ein-Stein-Dämme, je nach Notwendigkeit. So entsteht eine kleine Dammreihe, die das Wasser immer wieder abbremst. Sie können weitere Ein-Stein-Dämme auch nachträglich ergänzen, wenn Sie die Notwendigkeit erkennen.
**5. Richtungswechsel gestalten (optional):** Wenn Sie das Wasser an einer bestimmten Stelle in eine andere Richtung lenken möchten, platzieren Sie den Damm leicht schräg oder seitlich versetzt. So ändert das Wasser langsam seine Richtung, ohne den Boden auszuspülen.
**6. Natur arbeiten lassen:** Mit der Zeit siedeln sich Pflanzen zwischen den Steinen an. Diese machen den Damm noch stabiler und verstärken den Erosionsschutz.

*„Der Ein-Stein-Damm ist ein wichtiges Element, um Wasser von einem Speicher in den nächsten zu transportieren."*

## WARTUNG

**Nach Starkregen:** Kontrollieren Sie, ob Steine verschoben wurden oder Wasser an den Seiten vorbeifließt. Richten Sie gelockerte Steine wieder aus, um die Funktionsfähigkeit des Damms zu sichern.
**Jährliche Sichtprüfung:** Begutachten Sie den Damm in einer trockenen Phase. Achten Sie dabei auf unregelmäßige Steinlagen, Lücken, abgetragenes Material oder Sedimentablagerungen oberhalb des Damms.
**Zu- und Abflüsse frei halten:** Entfernen Sie regelmäßig Laub, Äste oder Schlamm, die ober- oder unterhalb der Steine den Wasserfluss behindern könnten.
**Bodenpflege:** Lockern Sie bei Bedarf den Boden direkt hinter dem Damm, wenn dieser verkrustet oder stark verdichtet ist. Das verbessert die Versickerung.
**Pflanzenpflege:** Halten Sie den umliegenden Bewuchs niedrig, damit der Damm zugänglich bleibt und nicht zuwächst.
**Pflegeaufwand:** Gering. Eine Hauptinspektion jährlich sowie gezielte Kontrollen nach starken Regenfällen sind ausreichend.

*Es ist kein Zufall, wohin das Wasser in einer beliebigen Situation fließt. Alles folgt der Schwerkraft.*

# ÜBERLAUF: SCHOTTERBACH

Ein flaches, dauerhaft trockenes, mit Steinen und Kies ausgelegtes Bachbett ist eine clevere Methode, um Regenwasser im Garten kontrolliert aufzufangen und naturnah zu leiten. Die Form eines Schotterbachs ist meist flach und geschwungen, ähnlich einem echten Bachlauf. Er führt aber nur bei Regen Wasser.

Wenn es regnet, sammelt sich das Wasser in dieser leicht eingetieften Rinne, fließt dort langsam entlang und kann dabei in den Boden einsickern. Ein Schotterbach kann im Garten auf vielfältige Weise zum Wassermanagement beitragen. Er wird insbesondere dort eingesetzt, wo Regenwasser gezielt gelenkt und sicher hangwärts abgeleitet werden muss. Durch seine strukturierte Oberfläche bremst er die Fließgeschwindigkeit von ablaufendem Wasser deutlich. So wird einfach, aber wirkungsvoll verhindert, dass bei Starkregen große Mengen Wasser unkontrolliert hangabwärts über den Boden rauschen. Erosionsschäden wie Bodenabtrag, Rinnenbildung oder überschwemmte Flächen werden reduziert. Dank der wasserdurchlässigen Steinschicht versickert das Wasser langsam im Untergrund. Besonders auf geneigten Grundstücken stabilisiert der Abfluss die Oberfläche, indem er das Wasser sanft ableitet und den Druck auf den Boden verringert.

## MIT PFLANZEN BEGRÜNEN

Ein weiterer Vorteil ist, dass der Schotterbach mit heimischen Wildpflanzen gesäumt oder sogar begrünt werden kann. Das macht ihn nicht nur

*Ein Schotterbach aus abgerundeten größeren und etwas kleineren Steinen (Flusskies)*

*Schotterbach und Gartenweg sind eine gute Kombination.*

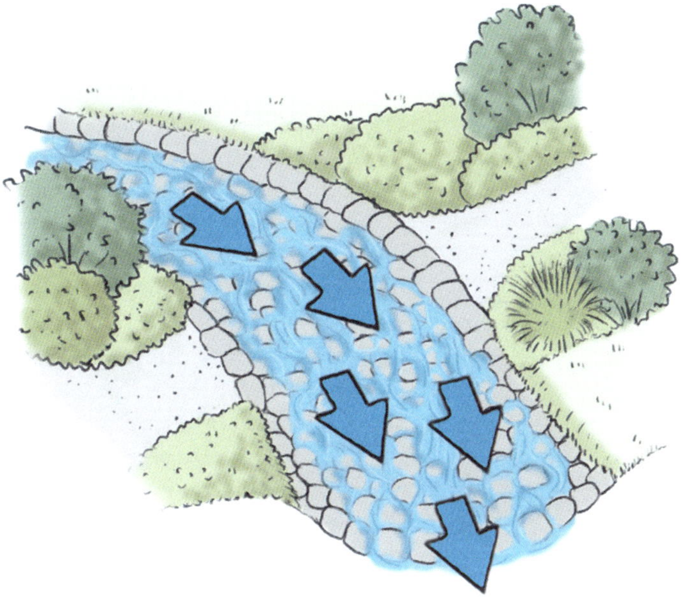

*Regenwasser wird sicher hangabwärts geleitet.*

funktional, sondern auch zu einem schönen Gestaltungselement im Garten.

Die Hohlräume zwischen den Steinen ermöglichen es dem Wasser, langsam in den Boden einzudringen, statt oberflächlich abzulaufen. Dadurch erhöht sich die Bodenfeuchtigkeit im näheren Umfeld, was insbesondere in trockenen Perioden den Pflanzen zugutekommt und dazu führt, dass es im Sommer in der Umgebung kühler bleibt. Auch tiefer liegende Bodenschichten können besser mit Wasser versorgt werden. Die höhere Bodenfeuchtigkeit schafft einen Lebensraum für Wildblumen, Gräser oder gezielt gepflanzte Stauden. Sand-/Feld-Thymian *(Thymus serpyllum, T. pulegioides)*, Mauerpfeffer *(Sedum acre)*, Pfennigkraut *(Lysimachia nummularia)* oder Kriechender Günsel *(Ajuga reptans)* stabilisieren den Boden durch ihre Wurzeln zusätzlich und tragen zur natürlichen Erosionskontrolle bei. So entsteht ein dauerhafter, durchlässiger Bewuchs, der die Funktionalität des Abflusses mit ökologischen Vorteilen verbindet.

## VERBINDENDES ELEMENT IM GARTEN

Ein Schotterbach kann auch als verbindendes Element in einem Regenwassersystem dienen, beispielsweise in Verbindung mit Mulden oder als Zuleitung zu einem Teich oder einem Versickerungsbecken. Zudem kann er als begehbarer Pfad gestaltet werden, der Funktionalität und Gartennutzung vereint – alles in allem ein wertvoller Bestandteil eines klimafitten Gartens.

## VORAUSSETZUNGEN

Ein Schotterbach ist für Hangneigungen bis 5:1 (11,3°) geeignet. Die Tiefe liegt zwischen 10 und 30 cm, seine Breite kann je nach Wassermenge zwischen 30 und 300 cm variieren. Steine in verschiedener Größer bilden gemeinsam eine stabile Struktur, um Wasser zu transportieren. Sie helfen, das Wasser zu bremsen und die Energie des abfließenden Regens zu verteilen.

## BAUANLEITUNG

**1. Planung:** Ein Schotterbach kann Wasser gut von einer Wasserhalteeinrichtung zur nächsten transportieren. Wählen Sie einen Standort mit flacher bis mittlerer Böschung (ca. 5:1 bzw. 11,3°). Markieren Sie anschließend den Verlauf und planen Sie die Breite sowie den Endpunkt mit Überlaufmöglichkeit.

**2. Boden ausheben:** Heben Sie eine 10 bis 30 cm tiefe Rinne aus. Formen Sie dabei die Mitte etwas tiefer als die Ränder. Entfernen Sie Wurzeln und Steine und verdichten Sie lockere Stellen leicht.

**3. Drainageschicht (optional):** Bei lehmigem Boden oder hohem Wasseranfall füllen Sie eine 10 bis 15 cm hohe Schicht aus grobem Schotter (32–64 mm) ein. Diese Schicht verbessert die Versickerung und die Stabilität.

**4. Grobe Steine einlegen:** Legen Sie in der Mitte und am Auslauf größere Steine (50–150 mm) aus. Klopfen Sie die Steine mit dem Gummihammer fest, damit sie stabil liegen.

**5. Kiesbett aufbauen:** Bedecken Sie die gesamte Rinne mit Flusskies (16–32 mm). Die Mitte bleibt dabei etwas tiefer. Lücken vermeiden und mit kleinen Kieseln auffüllen. Arbeiten Sie von unten nach oben.

**6. Ränder gestalten:** Glätten Sie die Übergänge zum Garten, zum Beispiel mit leicht erhöhten Steinrändern oder eingearbeiteten Pflanzinseln. Achten Sie auf seitliche Dichtheit, damit kein Wasser ausweicht.

**7. Bepflanzen:** Pflanzen Sie entlang der Ränder robuste Arten. Wählen Sie keine wuchernden oder tiefwurzelnden Pflanzen. Das Bachbett selbst ist möglichst freizuhalten.

## WARTUNG

**Bauwerks- und Funktionskontrolle:** Prüfen Sie nach starkem Regen, ob Steine weggespült wurden oder der Abfluss unterspült ist. Füllen Sie Lücken mit geeignetem Material auf. Kontrollieren Sie ein- bis zweimal jährlich, ob die Steinschicht gleichmäßig liegt und nicht verschlammt ist. Achten Sie außerdem darauf, dass der Zulauf frei von Laub oder Unrat ist und das Wasser am Ende versickern oder abfließen kann.

**Pflanzenpflege:** Schneiden Sie angrenzende Gräser und Sträucher regelmäßig zurück. Pflanzenwurzeln stabilisieren den Boden. Gras und kleine Stauden (z. B. *Sedum*) können außerdem den optischen Eindruck verbessern. Sträucher und Bäume mit kräftigem Wurzelwerk sollten jedoch

### MATERIAL & WERKZEUG

- Steine (Schotter, Kies, Bruchsteine): größere Steine (50–150 mm) bis zu Flusskies (16–32 mm). Keine feinen Materialien (< 8 mm) in oberen Lagen. Eckige, gebrochene Steine bevorzugen gegenüber Rundkies.
- Holzpflöcke und Schnur
- Spaten und Schaufel
- Wiedehopf-Hacke
- Schubkarre
- Wasserwaage bzw. Schlauchwaage
- Maßband oder Meterstab
- Markierspray (Kreidespray nur für kurzfristige Markierungen)
- Rechen
- Bretter bzw. Trittsteine
- Stampfer bzw. Handramme
- Gummihammer

*Mauerpfeffer: trockenheitsliebende Steingartenpflanzen*

*„Praktisch: Ein Schotterbach lässt sich auch als Gartenweg nutzen. Selbst bei hoher Wassermenge können Sie am Rand noch entlanggehen.“*

nicht in den Schotterbach einwachsen. Die Begrünung sollte das Steinbett nicht vollständig überwuchern, da sonst die Funktion des Schotterbachs eingeschränkt wird.

**Saisonale Sonderpflege:** Im Frühjahr, nach Frost, kann sich das Material verschoben haben. Prüfen Sie, ob Beschädigungen vorhanden sind. Füllen Sie unterspülte Stellen mit Schotter oder Kies nach. Im Herbst sollten Sie Laub aus dem Steinbett entfernen. Im Winter selbst ist keine besondere Pflege nötig.

**Pflegeaufwand:** Eine gründliche Reinigung pro Jahr genügt meist, ergänzt durch Kontrollen nach Starkregen.

*Bewuchs schützt vor Erosion.*

*Kleiner Schotterbach*

*Polster-Thymian (Thymus serpyllum)*

*Gestufte, naturnahe Becken transportieren Wasser schonend – ohne Schäden zu verursachen.*

# ÜBERLAUF: GESTUFTES WASSERBECKEN

**Mit einem gestuften Wasserbecken kann Wasser auf sehr kurzer Strecke einen großen Höhenunterschied überwinden. Pro laufendem Meter können bis zu 50 cm Höhenunterschied überbrückt werden.**

*Gestufte Wasserbecken*

Gestufte Wasserbecken bestehen aus einer Abfolge flacher Mulden, die untereinander im Gelände angeordnet sind. Zwischen diesen Mulden werden niedrige Barrieren errichtet, etwa aus Erde, Steinen, Holzstämmen oder einer Kombination daraus. Jede Stufe wirkt wie ein kleines Staubecken: Das Wasser fließt hinein, wird kurz zurückgehalten, kann teilweise in den Boden versickern und gelangt über eine gezielte Überlaufstelle zur nächsten Stufe. Diese sogenannten Stepped Pools lassen sich auch aus festen, steinernen Becken gestalten – zum Beispiel mit Naturstein oder vorgefertigten Betonelementen. Die Größe und Anzahl der Becken richtet sich nach Geländegefälle, Fläche und Niederschlagsmenge. Durch die Stufenhöhe von bis zu 30 cm können auf relativ kurzer Wegestrecke recht gro-

*Libelle*

*Gartengestaltung und Wassertransport*

*Blutweiderich*

ße Höhenunterschiede von bis zu 50 cm pro laufendem Meter Wasserbecken überwunden werden. In ebenem Gelände können sehr flache Becken gebaut werden, die mehr Wasser aufnehmen, aber kaum Gefälle überwinden müssen. Wichtig ist, dass der Höhenunterschied zwischen den Becken nicht zu groß ist, damit der Wasserfluss sanft bleibt.

## FUNKTIONSWEISE

Gestufte Wasserbecken stellen eine einfache Möglichkeit dar, Regenwasser kontrolliert hangabwärts zu leiten. Was das gestufte Wasserbecken von allen Elementen am allerbesten kann: auf einem kurzen Wegestück einen großen Höhenunterschied überwinden. Das Wasser „fällt" bis zu 30 cm, wird dann aber im Becken beruhigt, bevor es weitergeht. Durch die Wasserbecken wird die Fließgeschwindigkeit des Regenwassers reduziert: Es fließt Stufe für Stufe ganz langsam weiter. In jedem Becken kann sich das Wasser sammeln.

### NUTZEN FÜR MENSCHEN UND TIERE

Gestufte Wasserbecken sind nicht nur funktional, sondern auch ein schönes Gestaltungselement – sie lassen sich mit Steinen, Pflanzen und Holz gestalten. Das Plätschern des Wassers und sein ruhiges Fließen haben auch eine beruhigende Wirkung auf den Menschen. In den kleinen Wasserbecken entstehen Feuchtzonen, die ein Paradies für Frösche, Insekten, Libellen und Mikroorganismen sind – kleine Biotope, die die Biodiversität fördern, insbesondere in trockener Umgebung. Die aus Steinen, Pflanzen und Holz gestalteten Wasserbecken haben ein größeres ökologisches Potenzial als reine Steinbecken.

## TYPISCHE ABMESSUNGEN

Die einzelnen Becken sind etwa 15 bis 30 cm tief. Ihre Länge variiert abhängig von der Geländeform und den Platzverhältnissen. In der Regel beträgt die Länge und Breite aber mehr als 50 cm. Bei Bedarf können die Becken auch deutlich großzügiger angelegt werden. Der Höhenunterschied von 30 cm sollte jedoch nicht überschritten werden, damit das Wasser kontrolliert von einer Stufe in die nächste überlaufen kann.

## BAUANLEITUNG

Ein gestuftes Wasserbecken besteht aus mehreren kleinen Becken, die stufenartig hintereinander angeordnet sind. Das Wasser fließt von einem Becken zum nächsten – langsam, kontrolliert und

## MATERIAL & WERKZEUG

- Steine (groß und klein) – zum Bau der kleinen Barrieren zwischen den Becken oder als Überlaufkanten
- Holzstücke (dicke Äste oder Rundholz) – um Stufen zu formen
- Erde, Lehm oder Ton – zur Abdichtung der Becken
- Spaten oder Schaufel – zum Aushub der Becken und zum Formen der Geländestufen
- Markierspray (Kreidespray nur für kurzfristige Markierungen)
- Eimer oder Schubkarre
- Wasserwaage oder Schlauchwaage – um die Höhen zwischen den Stufen zu kontrollieren
- Maßband oder Meterstab
- Geeignete Pflanzen (Stauden, Kleinsträucher)

*Gelbe Schwertlilie (Iris pseudacorus)*

*Bachbunge (Veronica beccabunga)*

*Bach-Nelkenwurz (Geum rivale)*

ohne Erosion. An dieser Stelle wird der Bau eines naturnahen Beckens beschrieben.

**1. Ort auswählen:** Mit dem gestuften Wasserbecken können Sie auf kurzem Weg größere Höhen überwinden. Es kann gerne eine der steileren Stellen in Ihrem Garten sein. Dort fließt bei Regen das Wasser herunter und Sie können eventuell Erosionsschäden erkennen. Genau diese wollen wir in Zukunft verhindern, indem wir das Wasser bremsen.

**2. Erste Mulde ausheben:** Fangen Sie von unten an und graben Sie die erste Mulde – das ist das unterste Wasserbecken. Breite = ca. 60 bis 80 cm; Tiefe = ca. 30 cm. Legen Sie die Erde für später zur Seite.

**3. Beckenwand verstärken:** Verstärken Sie die Ränder der Mulde mit größeren Steinen, Grobschotter, Holz in Form von Ästen und kleinen Holzstämmen oder mit festgetretenem Lehm oder Ton, damit das Wasser nicht zu schnell entweicht.

**4. Nächste Mulde darüber anlegen:** Graben Sie nun oberhalb der ersten Mulde die nächste Mulde. Diese sollte etwa 20 bis 30 cm höher liegen als die erste. Zwischen den Mulden kann der Abstand gerne bis zu 50 cm betragen. Dieser Bereich wird wie beim Ein-Stein-Damm mit Steinen ausgelegt. Wiederholen Sie diesen Schritt so oft wie erforderlich, gerne drei bis fünf Becken hintereinander.

**5. Barrieren zwischen den Becken bauen:** Nun können Sie zwischen den Becken niedrige Barrieren aus Steinen und kleinen Holzbalken bauen. Diese halten das Wasser zurück, bis das obere Becken voll ist. Lassen Sie in jede Barriere einen kleinen, kontrollierten Überlauf in Form einer Mulde, durch welche das Wasser in das darunterliegende Wasserbecken oder die nächste darunterliegende Wasserhalte-Einrichtung gelangt. Beim nächsten Regen sehen Sie, wie sich Ihre Wasserbecken-Anlage bewährt. Eine Inspektion der gestuften Wasserbecken ist ebenfalls nach den nächsten Regenfällen angebracht.

**6. Begrünen und pflegen:** Sie können die Beckenränder bepflanzen. Das hilft dabei, die Erde zu festigen und sieht auch schön aus.

## PFLANZEN FÜR **GESTUFTE WASSERBECKEN**

| STAUDEN | BLÜTENFARBE | BLÜTENMONATE | WUCHSHÖHE IN M | STANDORT |
|---|---|---|---|---|
| Gewöhnlicher Froschlöffel<br>*Alisma plantago-aquatica* | weißlich bis zartrosa | 6–8 | 0,40–1,00 | sonnig |
| Bach-Nelkenwurz<br>*Geum rivale* | orange | 5–6 | 0,20–0,60 | halbschattig |
| Gelbe Schwertlilie<br>*Iris pseudacorus* | gelb | 5–6 | 0,80–1,00 | sonnig |
| Pfennigkraut<br>*Lysimachia nummularia* | gelb | 5–7 | 0,05–0,10 | sonnig bis halbschattig |
| Gewöhnlicher Blutweiderich<br>*Lythrum salicaria* | purpur | 6–9 | 0,80–1,20 | sonnig bis halbschattig |
| Bachbunge<br>*Veronica beccabunga* | himmelblau | 5–9 | 0,10–0,40 | sonnig bis halbschattig |
| **GRAS** | | | | |
| Graue Binse<br>*Juncus inflexus* | grünlich-braun | 6–8 | 0,40–1,00 | sonnig bis halbschattig |

## WARTUNG

**Bauwerks- und Funktionskontrolle:** Prüfen Sie nach Starkregen jede Beckenstufe auf Überlauf, Erosion oder beschädigte Überlaufkanten. Füllen Sie Ausspülungen sofort auf. Kontrollieren Sie außerdem vierteljährlich, ob das Wasser ungehindert von Becken zu Becken fließt. Achten Sie auf verstopfte Rinnen.

**Kontrolle der Zu- und Abflüsse:** Reinigen Sie den Zulauf ins erste Becken regelmäßig von Laub und Sediment. Überprüfen Sie den Ablauf am letzten Becken auf Rückstau oder Verstopfung, damit die Anlage nicht überlastet wird.

**Bodenpflege:** Entfernen Sie Sedimente beginnend im obersten Becken und arbeiten Sie sich nach unten vor. Lockern Sie verdichtete Böden in den Versickerungszonen vorsichtig auf, um die Durchlässigkeit zu erhalten.

**Pflanzenpflege:** Schneiden Sie Uferpflanzen zurück, damit Übergänge frei bleiben. Entfernen Sie Laub, überhängende Zweige und junge Schilfpflanzen, bevor sie sich ausbreiten können. Beseitigen Sie Algen oder Moos an den Rändern. Begrünen Sie offene Stellen mit standortgerechten Feuchtgebietspflanzen, um sie zu stabilisieren.

**Saisonale Pflege:** Im Frühjahr räumen Sie Laubreste aus und prüfen die Becken und Abflüsse. Im Herbst entfernen Sie vorsorglich Blätter und schneiden die angrenzenden Pflanzen zurück. Im Winter kontrollieren Sie bei Frost gelegentlich den Wasserstand und lassen bei Bedarf Wasser ab, um Eisschäden zu vermeiden.

**Pflegeaufwand:** Vierteljährlich. Die zusätzliche Kontrolle nach Starkregen ist bei gestuften Wasserbecken besonders wichtig. Da wir das Wasser auf kurzer Wegstrecke über einen größeren Höhenunterschied transportieren, besteht immer die Gefahr von Schäden durch die entfesselten Kräfte des Wassers.

# ABSETZ- UND ÜBERGABESCHACHT

**Diese platzsparende, wartungsfreundliche und technisch saubere Lösung zur Regenwasserbehandlung und -übergabe gewährleistet jederzeit zuverlässig, dass überschüssiges Regenwasser vom Grundstück abgeleitet werden kann.**

## ABSETZSCHACHT

Ein Absetzschacht nimmt Regenwasser auf und trennt Feststoffe wie Sand, Schluff oder Laub ab. Wenn das Wasser in den Schacht einfließt, verlangsamt sich seine Strömung. Dadurch können sich Sand, Schluff und andere grobe Schmutzpartikel am Boden absetzen. Das saubere Wasser fließt über eine definierte Kante weiter. So wird verhindert, dass Feststoffe in die Kanalisation gelangen, wo sie Rohre verstopfen oder Versickerungsanlagen verschlammen könnten. Absetzschächte bestehen meist aus Beton oder Kunststoff und verfügen über einen Sedimentati-

*Bei einem Starkregenereignis kann sehr viel Regenwasser auf einmal anfallen.*

onsraum sowie eine Revisionsöffnung für die Reinigung. Sie sind besonders geeignet bei Einleitungen in unterirdische Versickerungsanlagen oder öffentliche Kanäle. Der Absetzschacht schützt Ihre Infrastruktur und reduziert langfristige Wartungskosten.

## ÜBERGABESCHACHT

Der Übergabeschacht stellt die Verbindung zum öffentlichen Kanal her – sauber, sicher und zugänglich. Er ist der letzte Punkt Ihrer privaten Entwässerungsanlage und sorgt dafür, dass das Wasser kontrolliert und geregelt in das städtische Netz übergeht. Gleichzeitig dient er als Kontrollpunkt: Fachleute können über den Schachtdeckel hineinsehen, den Schacht warten und Reinigungen durchführen. Auch Rückstausicherungen oder Messeinrichtungen können dort integriert werden. Meist ist der Übergabeschacht der tiefste Punkt der Entwässerungsanlage.
Besonders wichtig ist der Übergabeschacht bei Starkregen: Er leitet das überschüssige Wasser aus Ihrem Garten gezielt in den Kanal ab – als Notüberlauf. So schützen Sie Ihr Grundstück vor Überflutung oder Rückstau.
Gleichzeitig helfen Sie durch Ihre gesamten Wasserhalteeinrichtungen, dass bei Starkregen viel weniger Wasser in den Kanal abgeleitet wird und die Ableitung auch erst einige Zeit nach dem Starkregenereignis geschieht. Dadurch leisten Sie einen großen Beitrag zur Entlastung des Abwassernetzes.

## KOMBISCHACHT

Ein kombinierter Absetz- und Übergabeschacht ist eine Sonderlösung. Er verbindet beide Funktionen, die für eine rechtssichere Entwässerung unerlässlich sind, in einem kompakten Bauwerk. Der Kombischacht stellt sicher, dass nur vorgereinigtes Wasser weitergeleitet wird und dass dies jederzeit kontrollierbar geschieht. Zuerst werden im Absetzbereich grobe Stoffe abgeschieden, dann fließt das gereinigte Wasser durch den Übergabebereich in die Kanalisation. Dies spart Platz und reduziert den baulichen Aufwand. Zusätzlich kann ein integrierter Überlauf das überschüssige Wasser bei Starkregen sicher in den Kanal ableiten, wenn auf dem Grundstück keine Versickerung mehr möglich ist.
Optional lässt sich ein induktiver Durchlaufmesser integrieren, der exakt misst, wie viel Wasser in den Kanal gelangt. Damit schaffen Sie Transparenz, erfüllen Anforderungen von Entwässerungsbetrieben und behalten die Kontrolle über Ihr Regenwassermanagement.

*Tipp*

### AUF EINEN BLICK

**Absetzschacht:**

- Einlaufendes Wasser wird beruhigt, Sedimente setzen sich ab.
- Sauberes Wasser läuft über definierte Kante weiter.
- Aus Beton oder Kunststoff.
- Mit Sedimentationsraum und Revisionsöffnung.
- Schützt den Kanal vor Verschmutzung und Verstopfung.

**Übergabeschacht:**

- Verbindet private Entwässerung mit dem öffentlichen Kanal.
- Kontroll-/Wartungspunkt: Platz für Rückstausicherung und Messung.
- Meist tiefster Punkt der Anlage.
- Fungiert bei Starkregen als Notüberlauf.
- Schützt Grundstück vor Überflutung und Rückstau.

## BAUANLEITUNG

Bau und Einbindung in die Kanalisation sind genehmigungspflichtig und technisch anspruchsvoll. Nur ein zugelassenes Fachunternehmen darf den Schacht setzen und anschließen. Trotzdem ist es hilfreich, die Abläufe zu kennen.
**1. Planung und Genehmigung:** Klären Sie frühzeitig mit dem zuständigen Abwasserbetrieb, ob und wo der Schacht auf Ihrem Grundstück ange-

schlossen werden darf. Grundlage sind meist die technischen Anschlussbedingungen der Gemeinde sowie Vorgaben wie DIN 1986-100 oder DIN EN 752. Lagepläne oder hydraulische Nachweise können erforderlich sein.

**2. Grube ausheben:** Ein Bagger hebt an der Grundstücksgrenze eine Grube aus – etwa 20 bis 30 cm größer als der Schachtdurchmesser. Die Tiefe richtet sich nach der geplanten Rohrführung mit einem Gefälle von 30:1 bis 50:1.

**3. Untergrund vorbereiten:** Die Grubensohle wird mit 10 bis 20 cm Schotter aufgefüllt und verdichtet. So erhält der Schacht einen tragfähigen, stabilen Stand.

**4. Schacht einsetzen:** Der Schacht wird per Bagger auf die Schotterschicht gesetzt und mit der Wasserwaage ausgerichtet. Der Deckel sollte bündig mit der Oberfläche abschließen. Optional kann ein Durchflussmesser integriert werden.

**5. Rohranschlüsse herstellen:** Die Zulaufrohre vom Haus werden mit Gefälle angeschlossen. Der Ablauf zum Kanal darf nur von einer Fachfirma ausgeführt werden, inklusive Dichtungen und Übergangsstücken.

**6. Hinterfüllen:** Der Raum um den Schacht wird lagenweise mit Kies oder Sand verfüllt und verdichtet. Abschließend wird der Bereich an die Umgebung angepasst – mit Erde oder Pflaster.

**7. Schachtdeckel höhengerecht montieren:** Ein passender Deckel wird eingesetzt – je nach Lage begehbar oder befahrbar.

*Manchmal ist es einfach zu viel Wasser.*

### MATERIAL & WERKZEUG

Ein solcher Schacht wird von Fachfirmen mit entsprechendem Gerät eingebaut.

- Schacht aus Beton oder Kunststoff (Ø ca. 1,00 bis 1,20 m)
- Belastbare Schachtabdeckung (je nach Lage begehbar oder befahrbar)
- Kanalgrundrohre (Ø 10 oder 15 cm) für Zu- und Ablauf
- Zubehör: Bögen, Muffen und Anschlussstücke
- Schotter und Sand als Verfüllmaterial

## WARTUNG

**Bauwerks- und Funktionskontrolle:** Nach Starkregen sollten Sie den Schacht auf Rückstände wie Laub etc. kontrollieren. Hat das System den Wassereintrag korrekt weitergeleitet? Prüfen Sie die Überlaufkante auf Schäden oder Ablagerungen.

**Regelmäßige Inspektion:** Mindestens einmal im Jahr öffnen Sie den Schacht. Achten Sie auf Risse, Ablagerungen, Korrosion an metallischen Teilen (z. B. Drosseln) und den allge-

*Kanalgrundrohr wird an den Betonschacht angeschlossen.*

*Achten Sie auf höhengerechte Montage.*

meinen Zustand. Auch wenn der Schacht oft trocken ist, sollte er im Ernstfall voll funktionsfähig sein. Rückstausicherungen und Drosselklappen sind öfters zu prüfen.

**Zu- und Abflüsse prüfen:** Stellen Sie sicher, dass kein Rohr verstopft ist. Prüfen Sie Zulauf- und Ablaufleitungen auf Durchgängigkeit, etwa durch Einleiten von Wasser. Ein freier Abfluss ist entscheidend für die Schutzfunktion des Systems.

**Technikwartung:** Falls Drosselelemente, Rückstauklappen oder Geruchsverschlüsse verbaut sind, prüfen und reinigen Sie diese regelmäßig. Metallteile können leicht gefettet werden. Bei Defekten ziehen Sie Fachpersonal hinzu.

**Saisonpflege:** Im Frühjahr reinigen Sie Rückstausicherungen. Im Herbst befreien Sie den Schacht von Laub und prüfen, ob alles bereit für Starkregen ist. Im Winter genügt es meist, den Deckel zugänglich zu halten – bei starkem Winterregen ist eine Nachkontrolle ratsam.

**Pflegeaufwand:** Gering. In der Regel reicht eine jährliche Wartung plus Kontrollen nach Starkregen.

# WASSER SPAREN

## — *bei der Gartenarbeit*

# RICHTIG WÄSSERN: NACH WICHTIGKEIT GIESSEN

**Mit optimalen Maßnahmen können Sie Ihren Wasserverbrauch im Garten deutlich senken.**

Eine der wichtigsten Strategien beim Wassersparen ist das richtige, effiziente Wässern. Das bedeutet, dass Sie gezielt und strategisch gießen, anstatt das Wasser nach dem Gießkannenprinzip gleichmäßig überall zu verteilen. Überlegen Sie sich, welche Pflanzen im Garten wirklich Wasser benötigen, und setzen Sie Prioritäten. Nicht alle Pflanzen haben den gleichen Wasserbedarf. Konzentrieren Sie sich beim Gießen zuerst auf die großen und wertvollen Pflanzen, insbesondere auf die Bäume.

*Regenfass, erhöht aufgestellt*

## BÄUME, STRÄUCHER UND STAUDEN

Bäume brauchen Jahre, um groß zu werden, spenden im Sommer wohltuenden Schatten und kühlen durch Verdunstung die Umgebung spürbar ab. Ein ausgewachsener Baum kann an einem heißen Tag bis zu 500 Liter Wasser verdunsten, was einer Kühlleistung von rund 13 kW entspricht. Kleine Klimageräte haben eine Kühlleistung von 2 bis 3 kW (für 20 bis 40 $m^2$/Gerät). Ein Baum liefert also genauso viel Energie wie fünf Geräte. Er kann somit etwa 150 Quadratmeter Wohnfläche abkühlen.
Für Bäume und andere tiefwurzelnde Gehölze gilt: Wässern Sie lieber selten, dafür aber durchdringend. Gießen Sie pro Vorgang reichlich Wasser: bei jungen Bäumen etwa 20 bis 50 Liter, bei älteren Bäumen 50 bis 100 Liter, bei größeren Sträuchern 10 bis 30 Liter. Durch solch gründliche Wassergaben kann das Wasser tief in den Boden eindringen. Die Pflanzen werden sozusagen „trainiert", längere Wurzeln zu bilden, die in tiefere, kühlere Bodenschichten vordringen. So kommen Bäume und Sträucher auch an tiefer liegende Wasservorräte, die nicht so schnell austrocknen. Häufiges, oberflächliches Gießen hält die Wurzeln dagegen in den obersten Zentimetern, wodurch die Pflanzen empfindlicher gegenüber Trockenheit werden.

Ideal ist es, frühmorgens oder spätabends zu gießen, wenn die Sonne nicht mehr so stark ist. In der kühlen Morgen- oder Abendluft verdunstet viel weniger Wasser ungenutzt als bei einem Gießen in der prallen Mittagssonne. Morgens zu gießen hat noch einen weiteren Vorteil: Die Pflanzen können das Wasser aufnehmen, bevor die Hitze des Tages einsetzt.
Achten Sie beim Gießen darauf, direkt an den Wurzeln zu wässern. Halten Sie die Gießkanne oder den Schlauch dazu direkt an den Boden in Stammnähe, sodass das Wasser sofort einsickern kann. Die Blätter zu besprenkeln bringt nichts – im Gegenteil: Viele Pflanzen reagieren empfindlich darauf, wenn ihre Blätter ständig nass werden. Gießen Sie also zielgenau an die Wurzel und nicht die ganze Pflanze.

## RASEN

Rasenflächen stehen in dieser Rangfolge ganz am Ende. Auch wenn der Rasen bei Trockenheit schnell braun wird, hält er einiges aus und erholt sich in der Regel wieder, sobald Regen fällt. Keine Panik also, wenn Ihr Rasen im Sommer phasenweise mehr braun als grün ist – das ist normal und viel weniger schlimm als der Verlust von Bäumen durch Trockenstress. Wenn Sie Wasser sparen möchten, können Sie also getrost auf das regelmäßige Rasenwässern verzichten.
Je mehr braunen Rasen Sie durch blühende Wildblumenwiesen ersetzen, die ohne Wässern auskommen, desto schöner wird der Anblick Ihres Gartens sein (siehe S. 114).

### BEWÄSSERUNGSHILFE: OLLAS

Verwenden Sie Ollas zur Bewässerung. Eine Olla ist ein poröser Tontopf, der eingegraben und mit Wasser gefüllt wird. Das Wasser dringt langsam durch die Tonwände in den Boden und hält die umliegende Erde konstant feucht. Je nach Topfgröße und Wetter muss nur alle drei bis fünf Tage nachgefüllt werden. Dieses traditionelle System spart enorm viel Wasser, da praktisch kein Tropfen oberflächlich verdunstet. Ollas sind ideal für Hochbeete oder Beete mit durstigen Pflanzen, da sie das Wasser genau dort abgeben, wo es gebraucht wird – an den Wurzeln. Viele Gärtner*innen basteln sich ihre Ollas auch selbst aus Tontöpfen.

*Einbau einer Olla (poröser Tontopf)*

## SPEZIALFALL HANGLAGE

Wenn Sie an einem Hang gießen, fließt das Wasser oft in Rinnsalen den Hang hinunter, statt einzusickern. Hier hilft es, um die Pflanze herum eine kleine Mulde oder eine ebene Fläche mit einer kleinen umlaufenden Erhöhung zu formen. So bleibt das Wasser an Ort und Stelle stehen und kann in den Wurzelbereich eindringen, statt ungenutzt hangabwärts zu fließen.

### WÄSSERN – PASSEND ZUR BODENART

In sehr sandigen Böden versickert Wasser schnell. Hier weicht man von der Grundregel „selten, aber viel" ab und gibt häufiger kleine Wassermengen, damit der Boden das Wasser halten kann. Bei schweren, tonigen Böden hingegen gilt: selten, aber viel wässern, damit überhaupt genug Wasser in die tieferen Bodenschichten eindringt. Passen Sie Ihre Gießstrategie also an den Bodentyp an.

*Im Sommer: Der Rasen ist braun – die Wiese ist grün. Was ist Ihnen lieber?*

# WAS TUN MIT DEM RASEN?

**Große Rasenflächen sind in vielen Gärten die größte zusammenhängende Grünfläche. Gerade Rasen reagiert jedoch empfindlich auf Trockenheit. Schon nach kurzer Zeit ohne Regen verfärbt er sich gelb-braun und sieht unansehnlich aus.**

Auf der Terrasse zu sitzen und im Hochsommer auf eine verbrannte, braune Rasensteppe zu blicken, macht keinen Spaß.

## EINFACHE MASSNAHME, GROSSE WIRKUNG

Mähen Sie seltener und mit höherer Schnitthöhe! Die meisten Gartenbesitzer*innen mähen ihren Rasen viel zu oft und viel zu kurz. Das stresst die Gräser enorm und fördert die Austrocknung. Die Gräser werden durch die sehr kurzen Schnitte geschwächt und bilden kaum Wurzeln aus. In Trockenzeiten sterben sie dann rasch ab, weil sie mit ihren kurzen Wurzeln kein Wasser finden können.

Höheres Gras beschattet den Boden besser, sodass weniger Wasser aus dem Boden verdunstet. Außerdem können sich Gräser mit längerem Blatt besser selbst beschatten und Hitzeperioden leichter überstehen.
Stellen Sie den Rasenmäher auf die höchste Stufe und mähen Sie im Sommer nur noch halb so oft wie sonst. Oder noch weniger. Wenn Sie es schaffen, Ihren Rasen nur noch sechs bis acht Mal pro Jahr zu mähen, wäre das prima. Sie werden sehen: Der Rasen sieht trotzdem ordentlich aus – und er dankt es Ihnen mit mehr Trockenheitsresistenz.
Wenn Sie Ihren Rasen düngen, werden Sie dieses Ziel jedoch nicht erreichen, da die Gräser aufgrund der Nährstoffgabe sehr stark wachsen.

### WILDER RASEN

Ein etwas wilderer Rasen mit verschiedenen Gräsern und Kräutern übersteht Trockenheit viel besser. Wenn Sie also anstelle eines sterilen Einheitsrasens auch ein paar Wildkräuter wie Weißklee, Gänseblümchen oder Löwenzahn im Grün dulden, profitieren Sie doppelt: Ihr „Rasen“ bleibt länger grün, und Sie sparen Wasser und Pflegeaufwand.

## VOM RASEN ZUR BLUMENWIESE – KLEINE LÖSUNGEN

Mähen reduzieren ist ein guter erster Schritt. Doch vielleicht möchten Sie noch einen Schritt weitergehen und einen Teil Ihres Rasens in eine Blumenwiese umwandeln? Eine artenreiche Blumenwiese ist nicht nur ein Hingucker und ein Paradies für Insekten, sondern auch viel widerstandsfähiger gegenüber Trockenheit und Hitze. Der Grund: Die dort wachsenden Wildblumen und Kräuter sind an magere Böden angepasst und kommen mit wenig Wasser aus.
Sie müssen ja nicht gleich die gesamte Rasenfläche umwandeln. Fangen Sie klein an, vielleicht nur mit 2 bis 3 m². Vielleicht gibt es eine Ecke in Ihrem Garten, die ohnehin kaum betreten wird, oder ein Randstück, das immer Probleme bereitet? Dort könnten Sie testweise eine Mini-Wildblumenwiese anlegen. Eventuell entwickelt sich Ihre bisherige „Problemzone“ dann zu einem echten Hingucker.
Zur Anlage einer Blumenwiese auf einer bestehenden Rasenfläche gibt es zwei einfache kleine Lösungen.

*Blumenwiesensaatgut mit Füllschrot*

### REGIONALES SAATGUT

Verwenden Sie hochwertiges, regionales Saatgut. Kaufen Sie auf keinen Fall billige „Bienenwiesen"-Mischungen mit exotischen oder gar invasiven Arten. Diese mögen zwar im ersten Jahr bunt blühen, passen aber oft nicht ins Ökosystem und sind nicht langlebig. Greifen Sie lieber zu zertifiziertem Saatgut von Wildpflanzen aus Ihrer Region. Solches Regiosaatgut ist zwar teurer, garantiert aber, dass die Pflanzen an Klima und Böden Ihrer Gegend angepasst sind. Zudem unterstützen Sie damit die heimische Insektenwelt. Spezialanbieter gewinnen ihre Samen in verschiedenen Herkunftsregionen. Auf den Internetseiten finden Sie oft Regionenkarten, auf denen Sie sehen können, welches Saatgut für Ihren Wohnort ideal ist. Informieren Sie sich bei diesen Anbietern, um die passende Mischung für Ihre Fläche zu finden (siehe S. 122).

### VARIANTE 1: IMPFEN MIT SAMEN

Entfernen Sie auf einem Quadratmeter die Rasennarbe mit einer Wiedehopf-Hacke. Arbeiten Sie zwei bis drei Eimer Sand in den Boden ein. Säen Sie anschließend die richtige Blumenwiesenmischung (siehe Kasten) aus, drücken Sie sie leicht an und halten Sie sie feucht. Harken Sie den Boden nicht um, da viele Arten Lichtkeimer sind.

### VARIANTE 2: WIESENSTAUDEN PFLANZEN

Alternativ können Sie vorgezogene Wiesenstauden in kleinen Gruppen in den vorhandenen Rasen pflanzen. Schälen Sie dazu mit einer Wiedehopf-Hacke auf einer Fläche von 0,5 x 0,5 m die Rasennarbe ab. Pflanzen Sie Wiesenstauden, beispielsweise Margeriten, Wiesen-Salbei, Skabiosen oder Glockenblumen, ein. Diese Tiefwurzler kommen mit Trockenheit gut zurecht. Mähen Sie die Stellen dazwischen zweimal im Jahr, und zwar im Juni und im Oktober oder November – mit einer Sense oder einem Balkenmäher. Halten Sie die neu gepflanzten Stauden für zwei bis drei Jahre von Bewuchs frei, zum Beispiel mit Abdeckscheiben (Mulchscheiben, die das Überwachsen der neu gepflanzten Stauden durch die vorhandene Vegetation verhindern. Mit der Zeit werden sich die Stauden ausbreiten.

## VOM RASEN ZUR BLUMENWIESE – GROSSE LÖSUNG

Diese große Lösung erfordert anfangs mehr Arbeit, zahlt sich aber später aus. Aber planen Sie hierfür den Einsatz eines Minibaggers und eines Dumpers (kompaktes, geländegängiges Transportgerät mit kippbarer Mulde) ein.

### SO GEHT'S

**1. Rasennarbe entfernen:** Die Rasennarbe und die obere, nährstoffreiche Schicht müssen abgeschält werden, die Schichtstärke beträgt 10 cm. Ein Bagger wird diese Aufgabe ausführen. Es muss kein großer Bagger sein. Ein 1,7 Tonnen schwerer Minibagger ist ausreichend. Der Bagger benötigt jedoch einen Grabenräumlöffel. Mit einer „normalen" Baggerschaufel kann die Rasennarbe nicht so gut abgeschält werden.

**2. Boden abmagern:** Die meisten Gartenböden sind zu nährstoffreich für typische Wildblumen, hier würden weiterhin die Gräser dominieren. Bringen Sie daher Sand mit einer Schichtstärke von 10 cm auf die Fläche auf. Arbeiten Sie ihn mit einer Motorhacke oder Fräse in die darunterliegenden 10 cm Boden ein.

**3. Planieren:** Rechen Sie die Fläche glatt und entfernen Sie Steine und Wurzelreste. Eine ebene Fläche sorgt für einen gleichmäßigen Bodenschluss der Samen. Über kleine Unebenheiten müssen Sie sich bei der naturnahen Gestaltung hingegen keine Sorgen machen.

*Tipp*

### MÄHFREIER MAI

Beteiligen Sie sich an der Aktion „Mähfreier Mai". Die Aktion ruft dazu auf, den Rasen im Mai stehen zu lassen. Dann starten viele Wildbienen und Hummeln in die Saison und brauchen durchgehende Nahrung und Ruhe; längerer Aufwuchs bietet Nektar, Pollen, Deckung und warme Mikrohabitate – das stärkt die Insektenvielfalt.
www.dgg1822.de/kampagne-maehfreier-mai/

### ANSAATEN WÄSSERN?

Viele Menschen wässern nach der Ansaat, bis sie sehen, dass etwas keimt. Dann stellen sie das Wässern ein. Sie gehen davon aus, dass das Wässern dazu dient, das Saatgut quasi zu „aktivieren". Die Rasensamen erleben diesen Vorgang jedoch anders. Da sie davon ausgehen, dass der Faktor „Wasser" nicht das Problem darstellt, konzentrieren sie sich auf das oberirdische Wachstum. Wenn die Wasserversorgung dann aufhört, geraten sie ins Straucheln. Daher sollten Sie die Rasensamen nicht aufs Glatteis führen. Fangen Sie am besten gar nicht erst mit dem Wässern an. Es gibt jedoch Ausnahmen, beispielsweise, wenn es nach der Ansaat für mehrere Tage ordentlich regnet und danach einige Tage nur die Sonne scheint. In diesem Fall müssen Sie dem Saatgut helfen, da es sich aufgrund der feuchten Anfangsphase wenig auf die Ausbildung seiner Wurzeln konzentriert hat. Das erweist sich in diesem Fall dann aufgrund des schnellen Wetterwechsels als ungünstig. In diesem Fall ist es sinnvoll, zu wässern.

**4. Ansaat:** Säen Sie nun eine geeignete Blumenwiesen-Saatgutmischung aus. Wählen Sie unbedingt eine heimische Mischung, die zu Ihrem Standort passt (siehe Kasten auf S. 115). Wildblumen-Saatgut wird sehr dünn ausgesät! Halten Sie sich an die empfohlene Aussaatmenge. Diese beträgt oft nur 2 bis 5 $g/m^2$. Da dies sehr wenig ist, wird das Saatgut mit sogenanntem „Füllschrot" gestreckt. Streuen Sie zunächst die halbe Menge in Längsrichtung und anschließend die andere Hälfte quer, um eine gleichmäßige Verteilung zu erreichen. Drücken Sie das Saatgut anschließend leicht an, aber harken Sie es nicht ein, da die meisten Wildblumen Lichtkeimer sind.

**5. Warten:** Eine Blumenwiese braucht Zeit. Die Keimdauer der Wildblumen kann deutlich länger sein als die von Gräsern. Ein wenig Durchhaltevermögen gehört dazu. Während ein Rasen schon nach vier Wochen nutzbar ist, sehen Sie bei einer echten Wildblumenwiese oft erst nach zwei bis drei Monaten ein erstes blühendes Ergebnis. Aber die Geduld lohnt sich. Übrigens müssen Sie die Fläche nach der Aussaat nicht gießen (siehe Kasten auf S. 116).

**Wichtig:** In den ersten Monaten sollten Sie nicht mähen. Erst wenn die Wiese im Spätsommer verblüht ist, erfolgt der erste Schnitt.

**6. Pflege einer Wiese:** Im Gegensatz zum Rasen wird eine Blumenwiese nur zweimal im Jahr gemäht – idealerweise im Juni/Juli und ein zweites Mal im Herbst (Oktober/November). Verwenden Sie dafür eine Sense oder einen Balkenmäher.

**Wichtig:** Lassen Sie das Schnittgut nach dem Mähen auf der Wiese liegen. So können die Samen aus den Pflanzen herausfallen und sich wieder in den Boden einsäen. Nach etwa einer Woche harken Sie das getrocknete Heu ab und entfernen es. Diese Mahdgut-Abfuhr ist entscheidend, um den Boden mager zu halten. Würde man alles liegen lassen, würde sich zu viel Mulch und damit Nährstoffe ansammeln. Zwei Schnitte pro Jahr reichen aus, um die Wiese in Schuss zu halten. Dazwischen können Sie die Wiese einfach genießen, ohne sie ständig mähen zu müssen.

Im ersten Jahr werden vor allem einjährige Blumen Ihren Garten schmücken (Mohn, Kornblumen etc.). Ab dem zweiten Jahr übernehmen mehrjährige Wiesenstauden. Die Wiese wird mit der Zeit immer schöner und stabiler und braucht praktisch keine Bewässerung mehr, selbst im Hochsommer. Nach extremen Sommern mit vier sehr heißen Monaten macht jedoch auch eine Blumenwiese keinen optimalen Eindruck mehr.

*„Vertrockneten Rasen im Sommer braucht niemand. Eine Blumenwiese mit heimischen Wildpflanzen aber brauchen die Tiere. Ganz klar eine Win-win-Strategie."*

*Die Rasenfläche vor der Umgestaltung*

*Die Rasennarbe wurde abgeschält.*

*Die Blumenwiese wurde angesät.*

*Im ersten Jahr nach der Ansaat*

# MULCHEN

**Mulch ist ein wahres Multitalent, das die Gesundheit Ihrer Pflanzen fördert, indem es das Bodenklima verbessert, die Bodenfruchtbarkeit erhöht und Stress durch Trockenheit verringert.**

Beim Mulchen wird der Boden mit einer Schutzschicht bedeckt. Diese Methode ist hervorragend geeignet, um Wasser im Boden zu halten und gleichzeitig die Bodenqualität zu verbessern.

## DER SINN DES MULCHENS

Ohne Mulch ist der nackte Erdboden der Sonne und dem Wind ausgesetzt. Die Folge: Wasser verdunstet ständig aus dem Boden. Durch die Kapillarwirkung wird trockene Luft regelrecht in die tieferen Bodenschichten gezogen, wo die Feuchtigkeit verdunstet. Der Boden trocknet so immer weiter aus. Mulchen unterbricht diesen Prozess, indem es den Boden bedeckt und vor Witterungseinflüssen abschirmt.

### DIE VORTEILE EINER MULCHSCHICHT

- **Schutz vor Austrocknung:** Mulch wirkt wie eine isolierende Decke und hält die Feuchtigkeit im Boden. Die Verdunstung wird stark reduziert und der Boden darunter bleibt länger feucht und kühlt nicht so stark aus.
- **Temperaturregulierung:** An heißen Tagen hält Mulch die Bodentemperatur niedriger, in kühlen Nächten verhindert er ein starkes Auskühlen. Diese ausgeglichenen Temperaturen schonen die Wurzeln.
- **Unkrautunterdrückung:** Eine ausreichend dicke Mulchschicht unterdrückt unerwünschten Beiwuchs. Keimende Unkrautsamen bekommen kaum Licht und die mechanische Barriere erschwert das Durchwachsen. Weniger Unkraut bedeutet weniger Konkurrenz um Wasser für Ihre Kulturpflanzen.
- **Erosionsschutz:** Bei starken Regenfällen fängt der Mulch die Tropfen auf. Das Wasser sickert sanfter in den Boden, anstatt die unbedeckte Erde wegzuschwemmen. So bleibt die Bodenstruktur intakt.

*Ohne Mulchschicht: Sonneneinstrahlung erwärmt den Boden, viel Wasser verdunstet.*

*Mit Mulchschicht: Sonneneinstrahlung wird blockiert, nur wenig Wasser verdunstet.*

*Mulchen schützt vor Austrocknung.*

*Ein Baum bietet viel Laub als Mulchmaterial.*

- **Bodenverbesserung:** Organisches Mulchmaterial zersetzt sich mit der Zeit und wird zu wertvollem Humus. Dieser fördert das Bodenleben – Regenwürmer und Mikroorganismen freuen sich über das Futter – und verbessert die Bodenstruktur sowie die Nährstoffversorgung. Mulchen liefert also auch Nährstoffe und wirkt somit ähnlich wie eine leichte Düngung.

## WOMIT UND WIE MULCHEN?

In der Natur liegt der Boden fast nie frei, sondern ist ständig mit Blättern, Nadeln oder anderen organischen Stoffen bedeckt. Geeignete organische Materialien für den Garten sind:

- Holzhäcksel
- Stroh
- angetrockneter Grasschnitt (nicht zu dick auftragen, da sonst Schimmelgefahr besteht)
- Herbstlaub (vor allem von Ahorn, Linde und Obstbäumen)
- Kompost

### SCHICHTDICKE

Entscheidend ist die richtige Schichtdicke. Wenn Sie beispielsweise eine gemischte Baum- und Strauchpflanzung mulchen möchten, können Sie bis zu 10 cm starkes Mulchmaterial auftragen. Ideal sind 5 bis 8 cm. Bei Bäumen sollten Sie bitte nicht direkt bis an den Stamm mulchen, sondern einen Abstand von mindestens 5 bis 10 cm einhalten, um Fäulnis zu vermeiden. Eine gute Durchlüftung muss gewährleistet bleiben, da zu dicke Schichten zu Sauerstoffmangel im Boden führen können.
Mulch verrottet allmählich und sollte ein- bis zweimal pro Jahr erneuert werden. Die alten Schichten können eingearbeitet oder einfach liegen gelassen werden, da sie zu Humus werden.
Nutzen Sie, was in Ihrem Garten anfällt! Verwenden Sie statt gekauftem Rindenmulch lieber gehäckselte Zweige, Laub oder Rasenschnitt. So sparen Sie Geld, vermeiden Transporte und handeln nachhaltig. Gleichzeitig „füttern" Sie damit die Bodenlebewesen.

# BODENVERBESSERUNG

**Ein guter Boden ist wie ein Schwamm: Er kann Wasser aufnehmen und speichern, Wurzeln können tief eindringen und gleichzeitig bleibt genug Luft im Boden.**

Mit einfachen Maßnahmen können Sie in Ihrem Garten die Bodenstruktur verbessern und so sowohl die Wasserspeicherung erhöhen als auch Trockenstress mindern.

## LÖCHER MIT DER GRABEGABEL STECHEN

Eine wirksame Maßnahme, um schweren oder verdichteten Boden durchlässiger zu machen, ist der Einsatz einer Grabegabel. Dabei handelt es sich um ein Gerät mit mehreren langen Zinken, das in den Boden gestochen wird. Durch leichtes Hin- und Herbewegen oder Anheben brechen Sie den Boden etwas auf, ohne ihn komplett umzuwenden. So entstehen tiefe Spalten und Löcher, durch die Luft und Wasser in den Boden gelangen können. Regen und Gießwasser versickern anschließend schneller und tiefer, anstatt oberflächlich abzurinnen. Zudem stauen sich keine Pfützen mehr, da das Wasser über die gelockerten Kanäle besser in den Untergrund gelangt.

### SO GEHT'S

Stechen Sie die Grabegabel in regelmäßigen Abständen tief in die problematische Fläche, beispielsweise alle 20 bis 30 cm. Bei Rasenflächen, die unter Staunässe leiden, können Sie so punktuell belüften (dieser Vorgang wird Aerifizieren genannt). Sie müssen nicht umgraben, nur lockern! In die entstandenen Löcher können Sie etwas groben Sand oder feinen Kies einfüllen. Das hält die Kanäle offen und verhindert, dass sie sofort wieder zuschlämmen.
Diese einfache Technik verbessert die Infiltrationsfähigkeit des Bodens erheblich: Wasser dringt tiefer ein und steht den Pflanzen länger zur Verfügung. Zusätzlich bekommen die Wur-

*Wegwarte (Cichorium intybus)*

*Grabegabel im Einsatz*

## TIEFWURZELNDE **ZWISCHENDÜNGUNG**

| STAUDEN | BLÜTENFARBE | BLÜTENMONATE | WUCHSHÖHE IN M | STANDORT |
|---|---|---|---|---|
| Wegwarte, Zichorie<br>*Cichorium intybus* | blau bis himmelblau | 6–10 | 0,40–1,20 | sonnig |
| Wilde Möhre<br>*Daucus carota* subsp. *carota* | weiß | 6–9 | 0,30–1,00 | sonnig |
| Luzerne<br>*Medicago sativa* | violett | 6–9 | 0,20–1,00 | sonnig |
| Kleiner Wiesenknopf<br>*Sanguisorba minor* | grünlich-rot | 5–8 | 0,20–0,50 | vollsonnig |
| Echter Beinwell<br>*Symphytum officinale* | violett oder rosa (variabel) | 5–7 | 0,40–1,20 | sonnig bis halbschattig |

zeln wieder Sauerstoff. Gerade bei verdichteten Lehmböden lohnt es sich, im Herbst oder Frühjahr den Boden auf diese Weise zu bearbeiten. Das Bodenleben (Regenwürmer etc.) wird es Ihnen ebenfalls danken, denn es kann sich durch die bessere Durchlüftung stärker entwickeln.

## TIEFWURZELNDE ZWISCHENDÜNGUNG

Eine weitere sehr effektive Methode, um dichte Böden aufzubrechen, ist der Einsatz von tiefwurzelnden Gründüngungspflanzen. Dies ist eine Art biologische Bodenverbesserung: Anstatt den Boden mit schwerem Gerät zu pflügen oder zu fräsen, lassen wir die Wurzeln der Pflanzen die Arbeit erledigen. Spezielle Pflanzenarten mit kräftigem, tief reichendem Wurzelwerk werden als Zwischenfrucht oder Gründüngung ausgesät. Sie wachsen eine Saison lang, durchwurzeln den Boden tiefgründig und sterben dann ab, wobei sie kleine Kanäle und Humus im Boden hinterlassen. Ein Beispiel ist die Luzerne. Sie bildet Pfahlwurzeln, die drei bis fünf Meter tief in den Boden vordringen können. Ihre langen Wurzeln durchdringen dichte Bodenschichten, holen Nährstoffe aus der Tiefe und reichern sogar Stickstoff im Boden an. Wenn im Winter Teile der Luzernewurzeln absterben, hinterlassen sie in diesen Tiefen Hohlräume und Kapillaren, die fortan als natürliche Drainage und Belüftung dienen.

### WICHTIG: NICHT UMGRABEN!

Die oberirdischen Teile der Gründüngungspflanzen können Sie im Frühjahr abräumen oder als Mulch liegen lassen. Lassen Sie die Wurzeln unbedingt im Boden. Die toten Wurzeln verrotten nun langsam im Boden und hinterlassen ein durchlöchertes Erdreich, das Wasser und Luft viel besser passieren lässt als vorher. Graben oder Fräsen würde diese neu entstandenen Bodenstrukturen wieder zerstören. Arbeiten Sie höchstens etwas Kompost oberflächlich ein. Sie werden merken, dass der Boden viel lockerer ist.

*Luzerne (Medicago sativa)*

# SERVICE

## BUCH-TIPPS


- Böse, Karl-Heinz: **Regenwasser für Garten und Haus:** Grundlagen, Planung, Anlagenbau. ökobuch
- BUND / Heinrich-Böll-Stiftung (Hrsg.): **Wasseratlas.** Daten und Fakten über die Grundlage allen Lebens.
- Kern, Simone: **Überlebenskünstler.** Pflanzen, die bei jedem Wetter wachsen – mit 15 Beetideen. Kosmos
- König, Klaus Werner: **Regenwassernutzung von A–Z.** Ein Handbuch für Planer, Handwerker und Bauherrn. Mall
- Lancaster; Brad: **Rainwater Harvesting for Drylands and Beyond,** Vol. 1 Guiding Principles. Rainsource Press
- Lancaster; Brad: **Rainwater Harvesting for Drylands and Beyond,** Vol. 2 Water-Harvesting Earthworks. Rainsource Press
- Mahabadi, Mehdi: **Regenwasserversickerung, Regenwassernutzung.** Planungsgrundsätze und Bauweisen. Fachbibliothek grün. Ulmer
- Niehus, Karl Heinz: **Naturnahe Wasserwelten bauen** ... und sich vom Festival der Arten verzaubern lassen! Naturgartenbuch Verlag
- Oberländer, Thomas: **Wasser ernten.** Für einen achtsamen Umgang mit Regen und Trockenheit. BoD
- Polak, Paula: **Regenwasser nutzen – ein Geschenk für meinen Garten.** Klug planen und naturnah gestalten bei Trockenheit. pala


## NÜTZLICHE LINKS

### SAATGUT & PFLANZEN

www.gaertnerei-strickler.de
www.gaissmayer.de
www.naturgartenshop.com
www.rieger-hofmann.de
www.wild-saat-gut.de

### REGENWASSERSPEICHER

www.graf.info
www.hochbeetwerk.de
www.rekubik.de
www.rewatec.de
www.speidel-regenwasser.de

### ORGANISATIONEN

www.antje-mueller.net/wasser-garten-ideen
www.naturadb.de
www.naturgarten.org

# REGISTER

## BILDNACHWEIS

Mit 124 Farbfotos von **Flora Press (12):** /Becker, Jürgen; 94; /Bildagentur Beck: 78, 93 Mi. re.; /BIOSPHOTO: 113; /Borstell, Ursel: 2; /Diez, Otmar: 115, 119 li.; /Eddison, Liz: 81; /Föll, Christine Ann: 75 u.; /gartenfoto: 37 re.; /Klaphake, Ute: 43 u.; /Rogers, Gary: 21 u.; **GAP Photos (32):** /GAP Photos: 86 u., 101 o.re. (Designer: Lynn Riches, Mark Lippiatt); /Bozena Piotrowska: 33 li., 35 (Designer: Nicola Haines, Bord Bia Bloom 2023); /Brent Wilson: 71 re.; /Brian North: 128; /Charles Hawes: 26; /Christa Brand: 30/31 (Designer: Anne Wareham, Charles Hawes), 75 Mi. (Design: Gertraud Szugat), 93 u.re., 110/111; /Dianna Jazwinski: 103 o.re.; /Fiona Lea - Alan Francis Landscapes: 38; /Helen Harrison:101 u.re.; /Howard Rice: 85 re., 112; /J S Sira: 66 (Design: Sadie May Stowell), 101 u.li. (Design: Steve Dimmock); /Jonathan Buckley: 75 o. (Design: Sue and Wol Staines); /Mark Bolton: 89 u. (Garten: The Warren, Gartendesigner: Duncan Nuttall); /Mark Winwood: 37 li.; /Martin Hughes-Jones: 86 Mi.; /Matt Anker (Designer: Steve Dimmock): 46/47; /Perry Mastrovito: 93 Mi. li., 100; /Rob Whitworth: 77 (Design: Charlotte Rowe, Sponsor: Bechtel, Coutts and Co), 90 li.; /Robert Mabic: 87 re., 119 re.; /Sarah Cuttle: 89 o.; /Stephen Studd: 87 li. (Designer: Christian Dowle - RHS Malvern Spring Show 2016); /Thomas Alamy: 104 o.; **Gartenbildagentur Strauss (3):** /Clive Nichols Photography: 65; /Didillon, Frédéric: 97; /Örnberg, Anna: 69; **gartenfoto.at (5):** /Alice Thinschmidt: 49, 76; /Daniel Böswirth: 84, 90/91 Mi., 91 re.; **Naturbildarchiv Hecker (1):** /Wolfgang Buchhorn: Außenklappe vorne; **Hochbeetwerk (1):** 24 li.; **iStock (1):** /Olivier Tuffé: 48; **mauritius images (4):** /Alamy Stock Photos/Jochen Tack: 25; /nature picture library/Ernie Janes: 85 li.; /Rupert Oberhäuser: 21 Mi.; /Westend61/Maya Claussen: 41; **Jens Maute (25):** 4, 22 (alle 5), 27 (beide), 51 (alle 6), 52, 53, 54, 57 Mi.re., 57 u., 114, 117 (alle 4), Außenklappe hinten; **natUrban GmbH / Christian Reichenbach (4):** 63, 71 li., 82, 99; **shutterstock (36):** /Ahanov Michael: 80; /ahmydaria: 104 u.; /Alicia G. Monedero: 20; /Anastasiia Sapozhnikova: 24 re.; /AntonSAN: 59; /AVNik: 6/7; /Bluezung: 33 re.; /Carmina_Photography: 106; /Delnote: 93 u. li.; /DUSAN ZIDAR: 120 re.; /Grigvovan: 109 o., 109 Mi.; /Hennadii_Havrylko: 104 Mi.; /Henrik Larsson: 96; /Holly Adams-Fallone: 98; /HoyaEuny: 60/61; /Jchannell: 73 u.; /K-FK: 40; /Kokhan O: 8; /Mabeline72: 56/57 o.; /Miriam Doerr und Martin Frommherz: 9; /MVolodymyr: 1; /NeilSaxon: 73 Mi.; /NitNot_Photo: 103 o.li.; /Pack-Shot: 103 o.Mi.; /Paul Maguire: 34; /photowind: 57 o.re.; /stasB: 102; /Thijs de Graaf: 121; /Toa55: 12; /Tricky_Shark: 108/109; /twabian: 32; /Uliabond: 43 o.; /vaivirga: 120 li.; /ver0nicka: 16/17; /Vovantarakan: 42;

Mit 27 Illustrationen von **Bayerisches Landesamt für Umwelt (1):** Elke Graßmann: 19; **Jens Maute (5):** 15 u., 18, 48, 52, 55; **Claudia Schick, Neumarkt (19):** Innenklappe vorne, 23, 28, 29, 45, 58, 64, 70, 72, 77, 79, 83, 88, 95, 96, 99, 102, 118 (beide); **shutterstock (2):** /Kateryna Kon; 51, /VectorMine;15 o.

## IMPRESSUM

Umschlaggestaltung von Claudia Eder, Schönburg unter Verwendung einer Farbzeichnung von Claudia Schick, Neumarkt und eines Farbfotos von gartenfoto.at/Daniel Böswirth.

Mit 124 Farbfotos und 27 Farbzeichnungen.



Gedruckt auf chlorfrei gebleichtem Papier

MIX
Papier | Fördert gute Waldnutzung
FSC® C011124


Pfizerstraße 5–7, 70184 Stuttgart
kosmos.de/servicecenter

ISBN 978-3-440-18411-0
Projektleitung: Carolin Küßner
Redaktion: Carolin Küßner
Bildredaktion: Carolin Küßner
Gestaltungskonzept: Petert Schmidt Group GmbH, Hamburg
Gestaltung und Satz: Daniela Petrini, A-Reutte
Produktion: Klaus Jost
Druck und Bindung: Mohn Media Mohndruck GmbH, Gütersloh
Printed in Germany / Imprimé en Allemagne